U0171136

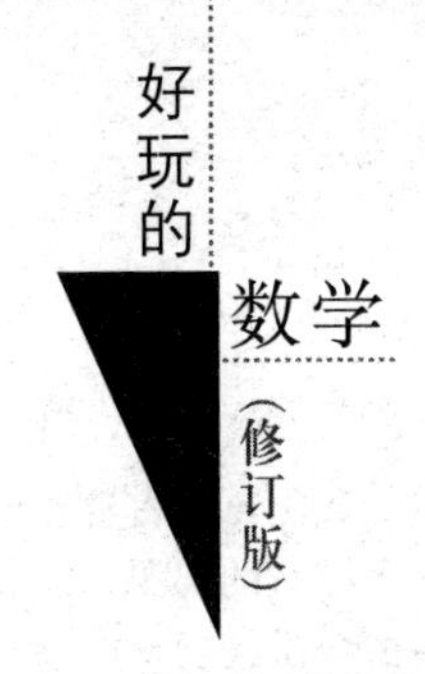

国家科学技术进步奖二等奖获奖丛书
总署“向全国青少年推荐的百种优秀图书”
科学时报杯“科学普及与科学文化最佳丛书奖”

张景中 主编

七巧板、九连环和华容道

——中国古典智力游戏三绝

吴鹤龄 著

科学出版社
北京

内 容 简 介

本书介绍蜚声世界的我国三大古典智力游戏，即七巧板、九连环和华容道。对这三个游戏的起源、发展和演变有详尽的叙述和考证，重点讨论其中的数学问题，如七巧板能构成多少凸多边形，九连环状态与格雷码的对应，解华容道的网络图等。本书题材广泛，材料丰富、翔实，文笔流畅，内容生动、有趣、有益，读来引人入胜。

本书适于有高中及高中以上文化程度的各阶层、各年龄段人群阅读。

图书在版编目（CIP）数据

七巧板、九连环和华容道：中国古典智力游戏三绝/吴鹤龄著．—修订本．—北京：科学出版社，2015.3

（好玩的数学/张景中主编）

ISBN 978-7-03-043574-3

Ⅰ.①七…　Ⅱ.①吴…　Ⅲ.①数学—普及读物　②智力游戏—普及读物　Ⅳ.①O1-49　G898.2

中国版本图书馆 CIP 数据核字（2015）第 044251 号

责任编辑：李　敏　霍羽升 / 责任校对：胡小洁

责任印制：师艳茹 / 整体设计：黄华斌

科学出版社出版

北京东黄城根北街 16 号

邮政编码：100717

http://www.sciencep.com

天津市新科印刷有限公司印刷

科学出版社发行　各地新华书店经销

*

2015 年 4 月第　三　版　　开本：720×1000 1/16

2025 年 1 月第十次印刷　　印张：14

字数：222 000

定价：45.00 元

（如有印装质量问题，我社负责调换）

丛书修订版前言

“好玩的数学”丛书自2004年10月出版以来，受到广大读者欢迎和社会各界的广泛好评，各分册先后重印10余次，平均发行量近45000套，被认为是一套叫好又叫座的科普图书。丛书致力于多个角度展示了数学的“好玩”，将现代数学和经典数学中许多看似古怪、实则富有深刻哲理的内容最大限度地通俗化，努力使读者“知其然”并“知其所以然”；尽可能地把数学的好玩提升到了更为高雅的层次，让一般读者也能领略数学的博大精深。

丛书于2004年获科学时报杯“科学普及与科学文化最佳丛书奖”，2006年又被国家新闻出版总署列为“向全国青少年推荐的百种优秀图书”之一，2009年荣获“国家科学技术进步奖二等奖”。但对于作者和编者来说，最高的奖励莫过于广大读者的喜爱关心。十年来，收到不少热心读者提出的意见和修改建议，数学研究领域和科普领域也都有了新的发展，大家感到有必要对书中的内容进行更新和补充。要感谢各位在耄耋之年仍俯首案牍、献身科普事业的作者，他们热心负责地对自己的作品进一步加工，在“好玩的数学（普及版）”的基础上进行了修订和完善。出版社借此机会将丛书改为B5开本，以方便读者阅读。

感谢多年来关心本套丛书的广大读者和各界人士，欢迎大家提出批评建议，共同促进科普事业繁荣发展。

编　者

2015年3月

第一版总序

2002 年 8 月在北京举行国际数学家大会（ICM2002）期间，91 岁高龄的数学大师陈省身先生为少年儿童题词，写下了“数学好玩”4 个大字。

数学真的好玩吗？不同的人可能有不同的看法。

有人会说，陈省身先生认为数学好玩，因为他是数学大师，他懂数学的奥妙。对于我们凡夫俗子来说，数学枯燥，数学难懂，数学一点也不好玩。

其实，陈省身从十几岁就觉得数学好玩。正因为觉得数学好玩，才兴致勃勃地玩个不停，才玩成了数学大师。并不是成了大师才说好玩。

所以，小孩子也可能觉得数学好玩。

当然，中学生或小学生能够体会到的数学好玩，和数学家所感受到的数学好玩，是有所不同的。好比象棋，刚入门的棋手觉得有趣，国手大师也觉得有趣，但对于具体一步棋的奥妙和其中的趣味，理解的程度却大不相同。

世界上好玩的事物，很多要有了感受体验才能食髓知味。有酒仙之称的诗人李白写道：“但得此中味，勿为醒者传。”不喝酒的人是很难理解酒中乐趣的。

但数学与酒不同。数学无所不在。每个人或多或少地要用到数学，要接触数学，或多或少地能理解一些数学。

早在 2000 多年前，人们就认识到数的重要。中国古代哲学家老子在《道德经》中说：“道生一，一生二，二生三，三生万物。”古希腊毕达哥拉斯学派的思想家菲洛劳斯说得更加确定有力：“庞大、万能和完美无缺是数字的力量所在，它是人类生活的开始和主宰者，是一切事物的参与者。没有数字，一切都是混乱和黑暗的。”

既然数是一切事物的参与者，数学当然就无所不在了。

在很多有趣的活动中，数学是幕后的策划者，是游戏规则的制定者。

玩七巧板，玩九连环，玩华容道，不少人玩起来乐而不倦。玩的人不一定知道，所玩的其实是数学。这套丛书里，吴鹤龄先生编著的《七巧板、九连环和华容道——中国古典智力游戏三绝》一书，讲了这些智力游戏中蕴含的数学问题和数学道理，说古论今，引人入胜。丛书编者应读者要求，还收入了吴先生的另一本备受大家欢迎的《幻方及其他——娱乐数学经典名题》，该书题材广泛、内容有趣，能使人在游戏中启迪思想、开阔视野，锻炼思维能力。丛书的其他各册，内容也时有涉及数学游戏。游戏就是玩。把数学游戏作为丛书的重要部分，是“好玩的数学”题中应有之义。

数学的好玩之处，并不限于数学游戏。数学中有些极具实用意义的内容，包含了深刻的奥妙，发人深思，使人惊讶。比如，以数学家欧拉命名的一个公式

$$e^{2\pi i}=1$$

这里指数中用到的π，就是大家熟悉的圆周率，即圆的周长和直径的比值，它是数学中最重要的一个常数。数学中第 2 个重要的常数，就是上面等式中左端出现的e，它也是一个无理数，是自然对数的底，近似值为 2.718281828459…。指数中用到的另一个数i，就是虚数单位，它的平方等于−1。谁能想到，这 3 个出身大不相同的数，能被这样一个简洁的等式联系在一起呢？丛书中，陈仁政老师编著的《说不尽的π》和《不可思议的e》（此二书尚无学生版——编者注），分别详尽地说明了这两个奇妙的数的来历、有关的轶事趣谈和人类认识它们的漫长的过程。其材料的丰富详尽，论述的清楚确切，在我所知的中

外有关书籍中，无出其右者。

如果你对上面等式中的虚数 i 的来历有兴趣，不妨翻一翻王树和教授为本丛书所写的《数学演义》的“第十五回 三次方程闹剧获得公式解 神医卡丹内疚难舍诡辩量”。这本章回体的数学史读物，可谓通而不俗、深入浅出。王树和教授把数学史上的大事趣事憾事，像说评书一样，向我们娓娓道来，使我们时而惊讶、时而叹息、时而感奋，引来无穷怀念遐想。数学好玩，人类探索数学的曲折故事何尝不好玩呢？光看看这本书的对联形式的四十回的标题，就够过把瘾了。王教授还为丛书写了一本《数学聊斋》（此次学生版出版时，王教授对原《数学聊斋》一书进行了仔细修订后，将其拆分为《数学聊斋》与《数学志异》二书——编者注），把现代数学和经典数学中许多看似古怪而实则富有思想哲理的内容，像《聊斋》讲鬼说狐一样最大限度地大众化，努力使读者不但“知其然”而且“知其所以然”。在这里，数学的好玩，已经到了相当高雅的层次了。

谈祥柏先生是几代数学爱好者都熟悉的老科普作家，大量的数学科普作品早已脍炙人口。他为丛书所写的《乐在其中的数学》，很可能是他的封笔之作。此书吸取了美国著名数学科普大师伽德纳 25 年中作品的精华，结合中国国情精心改编，内容新颖、风格多变、雅俗共赏。相信读者看了必能乐在其中。

易南轩老师所写的《数学美拾趣》一书，自 2002 年初版以来，获得读者广泛好评。该书以流畅的文笔，围绕一些有趣的数学内容进行了纵横知识面的联系与扩展，足以开阔眼界、拓广思维。读者群中有理科和文科的师生，不但有数学爱好者，也有文学艺术的爱好者。该书出版不久即脱销，有一些读者索书而未能如愿。这次作者在原书基础上进行了较大的修订和补充，列入丛书，希望能满足这些读者的心愿。

世界上有些事物的变化，有确定的因果关系。但也有着大量的随机现象。一局象棋的胜负得失，一步一步地分析起来，因果关系是清楚的。一盘麻将的输赢，却包含了很多难以预料的偶然因素，即随机性。有趣的是，数学不但长于表达处理确定的因果关系，而且也能表达处理被偶然因素支配的随机现象，从偶然中发现规律。孙荣恒先生的《趣味随机问题》一书，向我们展示出概率论、数理统计、随机过程这些数学分支中许多好玩的、有用的和新颖的问题。其中既有经典趣题，如赌徒输光定理，也有近年来发展的新的方法。

中国古代数学，体现出算法化的优秀数学思想，曾一度辉煌。回顾一下中国古算中的名题趣事，有助于了解历史文化，振奋民族精神，学习逻辑分析方法，发展空间想像能力。郁祖权先生为丛书所著的《中国古算解趣》，诗、词、书、画、数五术俱有，以通俗艺术的形式介绍韩信点兵、苏武牧羊、李白沽酒等40余个中国古算名题；以题说法，讲解我国古代很有影响的一些数学方法；以法传知，叙述这些算法的历史背景和实际应用，并对相关的中算典籍、著名数学家的生平及其贡献做了简要介绍，的确是青少年的好读物。

读一读《好玩的数学》，玩一玩数学，是消闲娱乐，又是学习思考。有些看来已经解决的小问题，再多想想，往往有“柳暗花明又一村”的感觉。

举两个例子：

《中国古算解趣》第37节，讲了一个“三翁垂钓”的题目。与此题类似，有个“五猴分桃”的趣题在世界上广泛流传。著名物理学家、诺贝尔奖获得者李政道教授访问中国科学技术大学时，曾用此题考问中国科学技术大学少年班的学生，无人能答。这个问题，据说是由大物理学家狄拉克提出的，许多人尝试着做过，包括狄拉克本人在内都没有找到很简便的解法。李政道教授说，著名数理逻辑学家和哲学家怀德海曾用高阶差分方程理论中通解和特解的关系，给出一个巧妙的解法。其实，仔细想想，有一个十分简单有趣的解法，小学生都不难理解。

原题是这样的：5 只猴子一起摘了 1 堆桃子，因为太累了，它们商量决定，先睡一觉再分。

过了不知多久，来了 1 只猴子，它见别的猴子没来，便将这 1 堆桃子平均分成 5 份，结果多了 1 个，就将多的这个吃了，拿走其中的 1 堆。又过了不知多久，第 2 只猴子来了，它不知道有 1 个同伴已经来过，还以为自己是第 1 个到的呢，于是将地上的桃子堆起来，平均分成 5 份，发现也多了 1 个，同样吃了这 1 个，拿走其中的 1 堆。第 3 只、第 4 只、第 5 只猴子都是这样……问这 5 只猴子至少摘了多少个桃子？第 5 个猴子走后还剩多少个桃子？

思路和解法：题目难在每次分都多 1 个桃子，实际上可以理解为少 4 个，先借给它们 4 个再分。

好玩的是，桃子尽管多了 4 个，每个猴子得到的桃子并不会增多，当然也不会减少。这样，每次都刚好均分成 5 堆，就容易算了。

想得快的一下就看出，桃子增加 4 个以后，能够被 5 的 5 次方整除，所以至少是 3125 个。把借的 4 个桃子还了，可知 5 只猴子至少摘了 3121 个桃子。

容易算出，最后剩下至少 1024－4＝1020 个桃子。

细细地算，就是：

设这 1 堆桃子至少有 x 个，借给它们 4 个，成为 $x+4$ 个。

5 个猴子分别拿了 a，b，c，d，e 个桃子（其中包括吃掉的一个），则可得

$$a=(x+4)/5$$

$$b=4(x+4)/25$$

$$c=16(x+4)/125$$
$$d=64(x+4)/625$$
$$e=256(x+4)/3125$$

e 应为整数，而 256 不能被 5 整除，所以 $x+4$ 应是 3125 的倍数，所以

$$x+4=3125k\ (k \text{ 取自然数})$$

当 $k=1$ 时，$x=3121$

答案是，这 5 个猴子至少摘了 3121 个桃子。

这种解法，其实就是动力系统研究中常用的相似变换法，也是数学方法论研究中特别看重的“映射 - 反演”法。小中见大，也是数学好玩之处。

在《说不尽的π》的 5.3 节，谈到了祖冲之的密率 355/113。这个密率的妙处，在于它的分母不大而精确度很高。在所有分母不超过 113 的分数当中，和 π 最接近的就是 355/113。不但如此，华罗庚在《数论导引》中用丢番图理论证明，在所有分母不超过 336 的分数当中，和 π 最接近的还是 355/113。后来，在夏道行教授所著《π 和 e》一书中，用连分数的方法证明，在所有分母不超过 8000 的分数当中，和 π 最接近的仍然是 355/113，大大改进了 336 这个界限。有趣的是，只用初中里学的不等式的知识，竟能把 8000 这个界限提高到 16500 以上！

根据 $\pi=3.1415926535897\cdots$，可得 $|355/113-\pi|<0.00000026677$，如果有个分数 q/p 比 355/113 更接近 π，一定会有

$$|355/113-q/p|<2\times 0.00000026677$$

也就是

$$|355p-113q|/113p<2\times 0.00000026677$$

因为 q/p 不等于 355/113，所以 $|355p-113q|$ 不是 0。

但它是正整数，大于或等于1，所以

$$1/113p<2\times 0.0000026677$$

由此推出

$$p>1/\ (113\times 2\times 0.0000026677)\ >16586$$

这表明，如果有个分数 q/p 比 355/113 更接近 π，其分母 p 一定大于 16586。

如此简单初等的推理得到这样好的成绩，可谓鸡刀宰牛。

数学问题的解决，常有“出乎意料之外，在乎情理之中”的情形。

在《数学美拾趣》的22章，提到了“生锈圆规”作图问题，也就是用半径固定的圆规作图的问题。这个问题出现得很早，历史上著名的画家达·芬奇也研究过这个问题。直到20世纪，一些基本的作图，例如已知线段的两端点求作中点的问题（线段可没有给出来），都没有答案。有些人认为用生锈圆规作中点是不可能的。到了20世纪80年代，在规尺作图问题上从来没有过贡献的中国人，不但解决了中点问题和另一个未解决问题，还意外地证明了从2点出发作图时生锈圆规的能力和普通规尺是等价的。那么，从3点出发作图时生锈圆规的能力又如何呢？这是尚未解决的问题。

开始提到，数学的好玩有不同的层次和境界。数学大师看到的好玩之处和小学生看到的好玩之处会有所不同。就这套丛书而言，不同的读者也会从其中得到不同的乐趣和益处。可以当做休闲娱乐小品随便翻翻，有助于排遣工作疲劳、俗事烦恼；可以作为教师参考资料，有助于活跃课堂气氛、启迪学生心智；可以作为学生课外读物，有助于开阔眼界、增长知识、锻炼逻辑思维能力。即使对于数学修养比较高的大学生、研究生甚至数学研究工作者，也会开卷有益。数学大师华罗庚提倡“小敌不侮”，上面提到的两个小题目都有名家做过。丛书中这类好玩的小问题比比皆是，说不定有心人还能从中挖出宝矿，有所斩获呢。

啰嗦不少了，打住吧。谨以此序祝《好玩的数学》丛书成功。

张景中

2004年9月9日

第二版说明

本书第一版已多次重印，每次重印都有若干修订。这次再版更有几个重大的修订：

(1) 第3章第3.3节关于七巧板能构成多少五边形，第一版根据马丁·伽德纳在《科学美国人》杂志上的专栏，介绍了里德解决这个问题的方法和结果，结论是有16个正规五边形，2个常规五边形。后来发现，里德的证明方法有误，结论也不正确，可能的七巧五边形不止18个，而是53个。据报道，欧美和日本都有人拼出了53个七巧五边形，但是都没有给出相关图形资料。为了弥补这一缺憾，笔者和广东深圳的中学生莫海亮合作，经过努力，终于也拼出了53个七巧五边形，现在把它们奉献给读者，相信会给七巧板爱好者一个惊喜。此外，莫海亮在七巧图空洞等方面也有一些独创性的研究成果，一并介绍给读者。

(2) 第3章第3.5节关于七巧图扩展成凸多边形最大面积是多少，第一版未作结论，书中给出一个余数为40的七巧图，希望有读者打破这个记录。2007年4月，笔者收到暨南大学王紫微老师的来信，才知道王老师在念大学时就彻底研究过这个问题，通过计算机编程证明余数最大为41，并且获得了3个这样的七巧图。现在我们高兴地把王老师的研究成果介绍给读者。

(3) 第3章关于用立体七巧板拼成正立方体的问题，第一版介绍了康韦和盖伊的研究成果。他们的方法是科学的，结果也是正确的。但由于他们用以标志拼法的Somatype比较抽象和难以理解，因此第一版未能明辨康韦关于用立体七巧板拼成正立方体共有240种拼法只是指基本拼法，此外还有根据基本拼法的镜像而可获得的240种派生拼法。在基本拼法和派生拼法中，互为镜像的红色组块和蓝色组块交换了位置，因此是不同的拼法。2006年底，笔者收到了安徽潜山县罗汉小学的李汪应老师的来信和他绘制的480种拼法图解，才对这个问题有了一个明确的、清晰的看法，从而也纠正了以往国内外文献中对有关问题的含混表述。在第二版中，我们高兴地把李老师的拼法图解介绍给读者，相信这会有助于人们对立体七巧板的理解和进一步研究。

本书问世只有短短3年，但已4次重印，至今保持着每月约1000册的销售记录，这说明在电脑和网络游戏风靡世界的情况下，七巧板、九连环和华容道这些中国古典智力游戏由于其丰富的内涵，仍然拥有广阔的生存空间，仍然受到广大人群的喜爱，这使笔者深感欣慰。借此机会，笔者向关心、爱护和支持本书的读者表示深深的谢意。

吴鹤龄

2008年1月

第一版前言

本书是《好玩的数学——娱乐数学经典名题》(已改书名为《幻方及其他——娱乐数学经典名题》(第二版))的续篇。《好玩的数学——娱乐数学经典名题》于2003年11月由科学出版社推出以后，受到广泛的欢迎和好评。中国幻方研究者协会副主席、兰州交通大学黄均迪先生来信“为其丰富的内容叫好”，并将其推荐给幻方研究者协会会员。北京应用物理与计算数学研究所研究员王明锐读后认为该书具有一定的广度和深度，并有自己的见解，是一本值得一读的好书。广东省梅州市的中学生莫海亮来信说：“买到《好玩的数学——娱乐数学经典名题》令我欣喜不已。我对智力游戏很感兴趣，可惜有关书籍很少看到，更别提如此高质量的了。”同时，他们也对该书的不足和缺点提出了许多批评和意见。读者的肯定和爱护使笔者深受感动和鼓舞。在科学出版社的热情支持下，笔者完成了《七巧板、九连环和华容道——中国古典智力游戏三绝》，现作为“好玩的数学”丛书之一把它奉献给读者。

被称为中国古典智力游戏三绝的七巧板、九连环和华容道不但在我国有极高的知名度，在国际上也享有盛誉，被认为是中国对人类文明的重要贡献。有关七巧板、九连环和华容道的专著不少，但就笔者所见，这些专著大多是从“玩具”这一角度出发去介绍它们的，而对其中所蕴含的数学问题缺乏深入的讨论。例如，用七巧板可以拼出多少个凸多边形？有关七巧板的这一重要数学问题，曾经引起中外数学家广泛关注，最后由两位中国学者在20世纪40年代给出了答案，并利用巧妙方法给予了严格证明。一般的七巧板书籍中都会提到这一事实，给出用七巧板拼成的凸多边形，但是笔者没有见过哪本书详细介绍过那两位中国学者是如何解决这个难题的。又如荷兰学者约斯特·埃尔费尔斯在七巧板研究上成绩突出，他主编的《七巧板——中国古老的拼板游戏》一书中给出了1600多个精美的七巧板图案，是大多数七巧板书籍引用的对象。但是埃尔费尔斯独创的这些奇特的七巧板图案蕴含着什么数学意义？却是被大多数七巧板书籍忽略的一个问题。又如九连环的解开步数和环数之间存在公式，但未见有哪本书对公式予以证明。此外如立体七巧板，除了谈祥柏先生在《数学百草园》中曾作简单介绍外，似乎还没有人涉及过。由于本书的重点是探讨七巧板、九连环和华容道中的数学问题，因此对类似以上的这些问题都有详尽介绍，恰恰在一定程度上填补了这方面的空白，宣传了在这些智力玩具中的数学知识，相信是会受到读者欢迎的。

本书中，笔者本着实事求是的精神，对存在于七巧板、九连环和华容道资料中的一些不太准确和科学的说法发表了自己的看法。例如，对华容道的来历，众口一词认为它古已有之，历史悠久。笔者认真分析了已有文字资料，大胆提出了华容道是20世纪以后的“舶来品”经本地化的观点，希望得到专家的指正。关于七巧板，流传着一个说法：荷兰作家古利克在小说《中国的钉杀案》中塑造了一个哑巴男孩，每当手势不够用时，他就用七巧图表达自己的意思。在小说的结尾，男孩用七巧板拼成的图案成为侦破钉杀案的关键所在。笔者查阅了原著的英文版以后，澄清了事实，纠正了上述说法中的不实之处。

笔者不是学数学的，对智力玩具也知之甚少，涉足数学与玩具，只是出于个人兴趣与爱好，为的是退休后做一点有益的工作，为科普、为提高全民族的文化素质尽一份力量。热诚欢迎专家和读者对本书内容提出批评。

本书写作过程中，张卓立、崔林、赵小林和孙宏波同志分别在搜集资料、整理插图上提供了许多帮助。在此，向他们表示衷心的感谢。

吴鹤龄

2004年7月

目　录

第二部分 九连环和华容道

第一部分　千姿百态七巧板

七巧板是中国最古老的智力玩具之一，相传已有数千年的历史，在全国各地、各民族中都广泛流行。在北京地区就流传着有关七巧板的这样一首歌谣：[①]

七巧板，真好玩，
姑娘小子都喜欢。
正方形，三角形，
七块小板拼图案。
摆只鸡，摆条鱼，
摆只蝴蝶舞翩跹。
摆小桥，摆帆船，
摆朵荷花浮水面。
随心所欲翻花样，
动手动脑乐无边。

是的，由一个正方形，五个三角形，一个平行四边形组成的七个小纸片（或者小木片、塑料片、……），不但可以摆出千姿百态的男女老幼、飞禽走兽、鱼鸟花虫、山水草木、楼台亭阁、……令人趣味无穷，而且其中还蕴含着许多有趣的数学问题，使人神往。相比之下，目前商场中出售的价格不菲的种种拼图玩具，虽然有成百上千块不规则的小图板，但它的最终目标只有一个：拼出一幅固定的平面图画。除了需要耐心，用以消磨时光以外，它哪能像七巧板这样，仅凭七个规则的图板，就能给游戏者以充分发挥想象力和创造力的空间，在享受无穷乐趣中又锻炼了智力呢？这里，我们首先给出七巧板的人物造型，共 108 幅，见图 0-1，我们就称之为“七巧板 108 将全图”吧。它们不但表现出了多

---

① 徐锋：老北京民间玩具歌谣，当代中国出版社，2002

姿多态、各具个性的人物，甚至还能区分出男性、女性。七个简简单单的几何图形的纸片，竟然有如此丰富的表现力，恐怕对绝大多数人来说都是大出意料的。

图 0-1　七巧板 108 将全图

01 七巧板简史

由于古代文献中缺乏必要的记载，因此，七巧板是我们的哪位老祖宗在什么时候发明的已不可考。在笔者见到的资料中，只有坂根严夫的《世界益智发明精选》(汉译本由台北故乡出版有限公司出版，1989)明确说它是1800年发明的，但没有给出依据。在《中国大百科全书》中，对七巧板的来历有如下一段简短的介绍：

“七巧板由宋代的燕（宴）几图演变而来。黄伯思撰《燕几图》。明代严澄著《蝶几谱》将方形案几改为三角形，用13张三角形的案几合为蝶翅形，称为蝶翅几，也可拼出各种图形。清初始有七巧板。嘉庆(1796～1820) 养拙居士著《七巧图》刊行，使之流传。”

由党海政主编的《休闲娱乐百科全书》(中国广播电视出版社，2000)支持了上述七巧板由燕几图发展而来的说法。看来，在没有考古新发现之前，我们只能接受专家们的这一观点。那么，什么是燕几图呢?

1.1 宋黄伯思的燕几图

古时“燕”、“宴”相通，因此所谓“燕几”也就是“宴几”，即宴请宾客的案几，创始人是黄伯思。在邓广铭、程应镠主编的《中国历史大辞典（宋史卷)》(上海辞书出版社，1984)中，对黄伯思有如下介绍：

“黄伯思(1079～1118)邵武（今属福建）人，字长睿，别字霄宾，又号云林子。元符进士。历通州司户、河南府户曹参军，有吏干。天资敏悟，好古文奇字。洛下公卿家古器款识，均能辨认是非，遂以古文名家。曾纠正王著所辑之续正法帖，成《刊误》二卷。各体书法，皆至妙绝。片纸只字，为人所宝。迁校书郎，又迁秘书郎，得睹册府藏书，学问大进，著有《东观余论》、《法帖刊误》等。”

从以上介绍看来，黄伯思在当时是名气不小的文人和大书法家。他首先设计了由 6 件长方形案几组成的“燕几”，6 件案几可分可合，自称“纵横离合变态无穷”。设宴招待宾客时，视人数多少和菜肴丰约而设几，因以六为度故又名“骰子桌”。燕几除用于宴席外，又可以陈设古玩、书籍，成为“无施而不宜”的器具。黄的朋友宣谷卿十分欣赏燕几，并建议增设一小几，以增加变化，因此改名为“七星”。黄伯思最后编定《燕几图》刊行，见图 1-1。

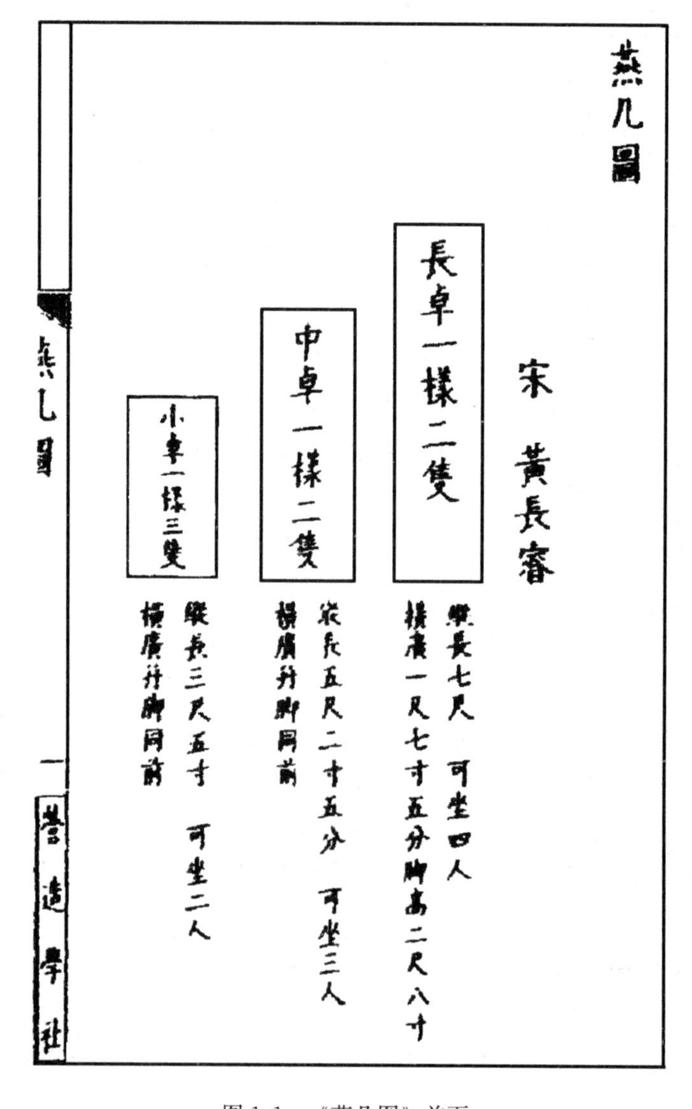

燕几圖

宋 黃長睿

長卓一様二隻

縱長七尺 可坐四人

橫廣一尺七寸五分脚高二尺八寸

中卓一様二隻

縱長五尺二寸五分 可坐三人

橫廣并脚同前

小卓一様三隻

縱長三尺五寸 可坐二人

橫廣并脚同前

燕几圖 一

图 1-1 《燕几图》首页

黄伯思在《燕几图》中首先明确制定了燕几的形制，即（1米＝3尺，1尺＝10寸，1寸＝10分）：

长卓一样二只，纵长七尺，可坐四人；横广一尺七寸五分，脚高二尺八寸。

中卓一样二只，纵长五尺二寸五分，可坐三人；横广并脚同前。

小卓一样三只，纵长三尺五寸，可坐二人；横广并脚同前。

由此可见，在长、中、小三种案几的尺寸之间有如下关系：

（1）几宽1.75尺是大几长度的1/4，中几长度的1/3，小几长度的1/2。

（2）中几长度为大几长度减去宽度。

（3）小几长度为中几长度减去宽度，且恰为大几长度之半。

由于有以上尺寸关系，利用这些案几就可以排列组合出种种不同的形状来。黄伯思将图形分为20类（他称之为“体”），40种（他称之为“名”），并“因体定名，因名取义”，详细记载于《燕几图》中。例如第八体第三种他名之为“瑶池”，见图1-2，实际上是用2条大几和2条中几围成一个正方形。对这种制式用于什么场合，黄伯思写道：“虚中以顿烛台、香几，冬以顿炉，赏花以顿饼斛。”意思是说，中间空出来的地方可以放烛台、香几，点香、点烛，冬天则可以放火炉，赏花的时候则可以放盛饼的器具。你看，这是设计得多么舒适、幽雅的环境，无怪他取名为瑶池了。其他各种形制也都有很有诗意的名称，如把7个案几拼合在一起的各种长方形称为“三函”、“屏山”、“回文”等等；取6件拼排的名为“磬矩”、“千斯”、“一厨”、“朵云”等；取5件拼排的有“扬旗”、“小万”、“垂箔”等。凡此种种无不凝聚着设计者的智慧和独具匠心，既非常实用，又充满着审美情趣，为拼图玩具开了先河。

1.2　明严澄的“蝶翅几”

黄伯思的燕几中只有长方形，虽然可以拼出多种巧妙的图形来，毕竟变化有限。到了明代，出现了三角形案几的“蝶翅几”，其发明人是严澄，字道沏，祖籍常熟，曾官至邵武知府（而邵武恰是黄伯思的故乡!）。

蝶几抛弃了长方的基本形态，而采用长斜（即梯形），半斜（即直角梯形），三斜（即三角形），每套多至13件。在多至13件的情况下，

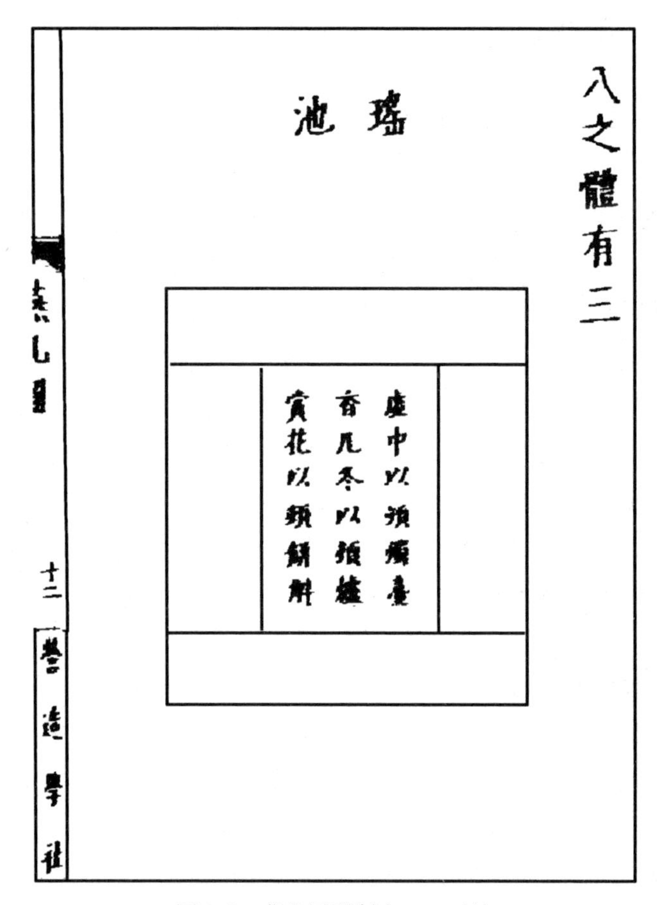

图 1-2　燕几图形制之一：瑶池

严澄规定其组成为：长斜几一样二只，左半斜和右半斜几各一样二只，大三斜几一样二只，小三斜几一样四只，更小的小三斜几严澄称之为“闰”，一只，见图 1-3。

蝶翅几不仅能拼成正方形、长方形、八边形，还可以拼成菱形、马蹄形、S 形及其他各种复杂的形状。其中有些有名，如单单一只长斜几名为“新月”，五只可拼成“轻燕”、“双鱼”，12 只几拼出“桐叶”等等。有些拼成规则几何形的则没有取名，见图1-4。

蝶翅几虽然是严澄发明的，但流传于世的《蝶几谱》却是明人戈汕于1617年编著的，其中有山、亭、磬、鼎、瓶、叶、花卉、席幔、飞鸿、蝴蝶等图形100多幅，成为继《燕几图》之后最早进入典籍的组合家具图谱。

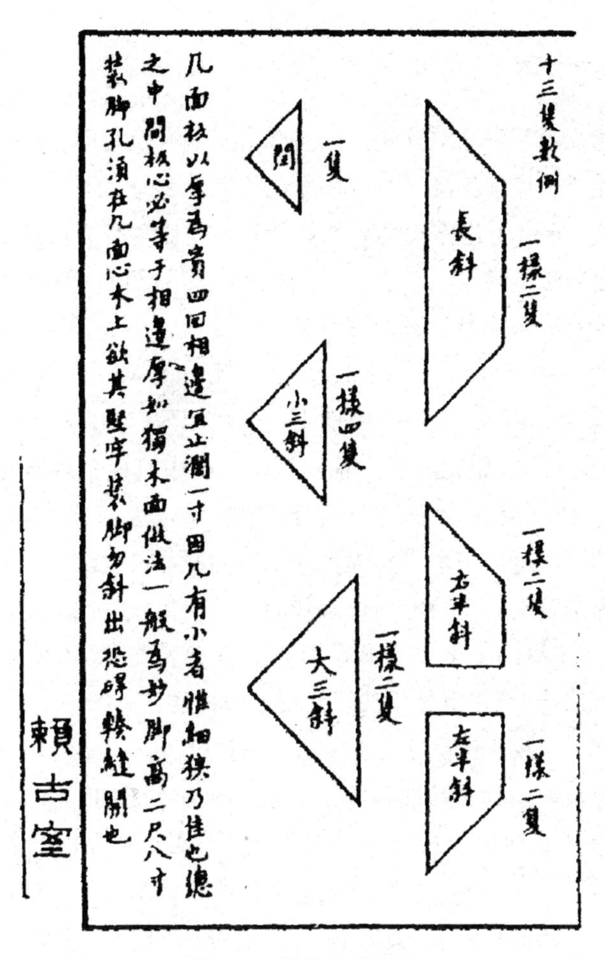

图 1-3　蝶翅几的配置

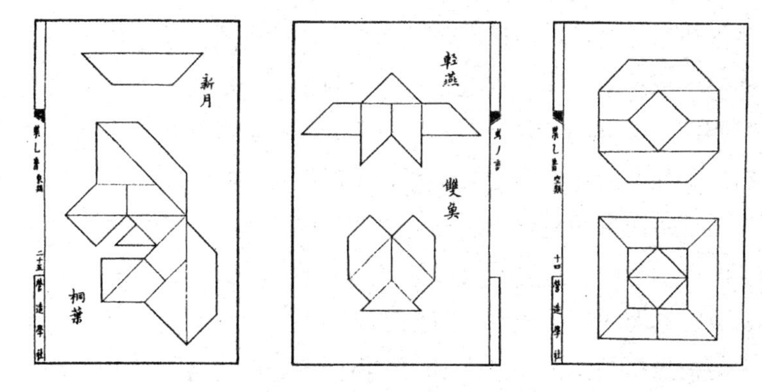

图 1-4　蝶翅几的形制示例

1.3 七巧板的问世

在《燕几图》和《蝶几谱》的基础上，兼有三角形、正方形和平行四边形，能拼出更加生动、多样图案的七巧板终于问世了。与燕几和蝶几不同的是，它已不再作为宴会的案几，而是作为智力玩具出现的。如前所述，七巧板的确切问世年代与发明人已不可考，但据现有资料来看，清初已有七巧板是没有疑问的。波特曼斯（Jerry Slocum-Jack Botermans）的《新老游戏》（*Puzzles*：*Old and New*，Seattle：Uni of Washington Pr.，1986）一书中指出，乌塔玛罗（Utamaro，大概是一个日本人）在1780年完成了一幅木板画，画中有两个名妓正在玩七巧板。因此，七巧板的出现当不晚于1780年，也就是乾隆在位期间（1736～1795）。可惜该书没有提供这幅画的照片，也没有说明该画现存何处。我国画家也有反映七巧板游戏的作品问世，清代出生在元和（今苏州），寓于上海的著名民俗画家吴嘉猷（又名友如，？～1893）就画过一幅“天然巧合”，也是反映妇女玩七巧板的，见图1-5。至于最早的七巧板专著，出现于乾隆之后的嘉庆年间（1796～1820），学术界似乎没有什么分歧，但到底是谁著的哪一本，则有些不同说法。《中国大百科全书》说是养拙居士的《七巧图》；俞一明、陈晶波、曾文合著的《拼板八卦阵》（上海文化出版社，2000）则说是潘氏（碧梧居士也称桑上客）的《七巧图合璧》，总之是19世纪初时，已有人辑录七巧板图案出版，从而使七巧板在中国内外迅速流行开来。

值得注意的是，七巧板出现之初是专供达官贵人消遣用的。上面提到的那幅木板画中，玩七巧板的就是依附于他们的高等妓女。吴嘉猷的“天然巧合”中，玩七巧板的显然也是富贵人家的妇女。波特曼斯的书中还给出了一本七巧板图书的照片，见图1-6。这本书大约是1800年前后制作的，封面用的是精雕细刻的象牙，内页是用丝绸做的，共86页，包括333个七巧图，这样的书显然不是一般百姓所能拥有的。笔者怀疑它是从故宫或圆明园中流失到海外去的。

七巧板虽然是作为玩具推出的，但由于它的前身是燕几和蝶几，因此，以七巧板的形制做成的案几或其他生活用具如果品盒等也出现了。图1-7就是波特曼斯书中的一套豪华七巧案几照片，书中注明该案几由

《吴友如画宝》天然巧合

图 1-5　民俗画“天然巧合”

图 1-6　豪华的七巧板书籍

黑黄檀木制成，是 1840 年左右广州的产品。北京颐和园排云殿内陈列有两套七巧案几，估计是慈禧太后时的原品。此外，苏州留园也有类似的七巧案几。

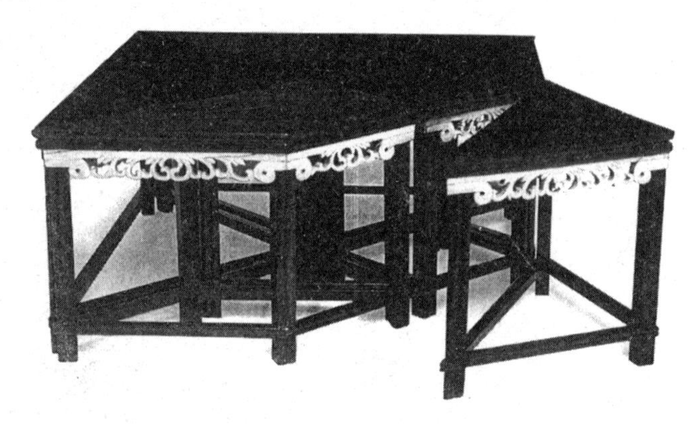

图 1-7　七巧案几

1.4　童叶庚的益智图

在七巧板之后，更丰富复杂的拼板游戏大量涌现，我们这里只简单介绍一下其中流传较广、影响较大的由清末文人童叶庚发明的益智图。童叶庚字松君，号睫巢，有时自称睫巢山人，咸丰年间官拜德清知县。光绪年间归隐吴门。他博学嗜古，曾大量抄录孤本古籍。因见儿童把线绳张在手指间做的“翻股”游戏受到启发，联想到事物的变幻与转换，发明了益智图。益智图设 15 个组块，合为正方形，分可拼成各种图形。他的《益智图》成书并刊印于 1878 年，即光绪四年，也就是在七巧板问世以后约 100 年。

益智图俗称十五巧，共含大三角形 2 块，小三角形 2 块，大矩形 2 块，梯形 2 块，半圆形 2 块，小矩形 4 块，平行四边形 1 块，如图 1-8 所示。据说，童叶庚之所以取 15 这个数，是受河图、洛书的影响，因为我国古时发明的世界上第一个 3 阶幻方中，各行、各列及两条对角线上的数字和均为 15，因此童叶庚也取此数以与之暗合。

从益智图的组成中可以看出，除了平行四边形只有一块，是个单数外，其他的组块都是成双的；而平行四边形本身也带有某种对称性，因此用益智图可以拼出许多具有对称性的图案来，但也可以拼出不对称但十分生动的图形来，图 1-9 是《拼板八卦阵》一书中给出的若干示例。对十五巧感兴趣的读者可参阅傅天奇先生 1957 年出版的专著《十五巧

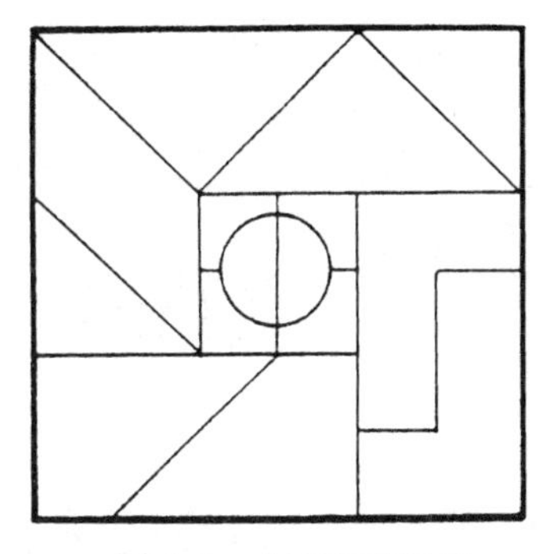

图 1-8 十五巧的组成

新图》(江苏人民出版社),其中有大量用益智图拼出的各种图案、文字和标语。

图 1-9 十五巧图案示例

02 七巧板的制作

七巧板之所以能从宫廷贵族流传至民间并风靡世界，除了其他因素之外，它取材简单，制作容易，也是一个十分重要的因素。在最简单情况下，用一块硬纸板，有一把剪刀就可以做出七巧板，用坏了随时可以再剪一副。如果有木工用具，那么可以用薄木板做，以便长久使用。七巧板的制作有两种基本方法，一种是基于一个正方形的，另一种是基于两个正方形的，其效果相同。

2.1 基于一个正方形底板制作七巧板

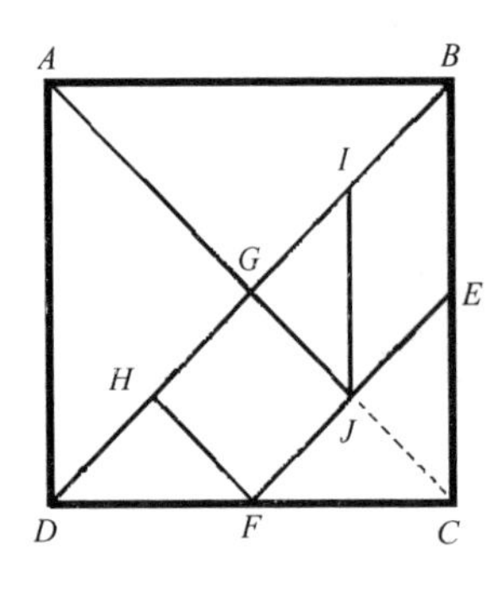

图 2-1 基于一个正方形底板制作七巧板

基于一个正方形底板制作七巧板时，对正方形的分划如图 2-1 所示。

(1) 先在正方形 $ABCD$ 中画 2 条对角线，AC 和 BD，交于G。

(2) 取 BC 边的中点 E 和 DC 边的中点 F 相连，交 AC 于 J。

(3) 由 J 向上作 BC 边的平行线，交 BD 于 I。

(4) 由 F 作 AC 的平行线交 BD 于 H。

这样形成的图形中，除了 CJ 是虚线，不能剪切以外，沿其他线按任意次序就都可以剪出一副七巧板了。

2.2 基于两个正方形底板制作七巧板

你也可以利用两个同样大小的正方形底板做出一副七巧板来。这时对两个正方形的分划如图 2-2 所示。

(1) 在第一个正方形 $ABCD$ 中任意连一条对角线 BD 或 AC，把它

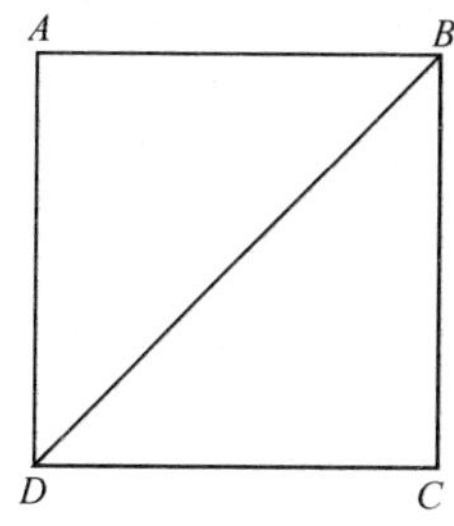

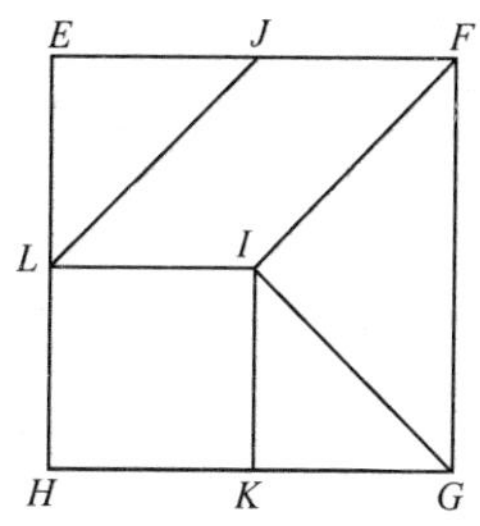

图 2-2 利用两个正方形底板制作七巧板

剪成两个三角形。

(2) 在第二个正方形 $EFGH$ 中取 EH 的中点 L 和 GH 的中点 K 分别作平行于四边的直线相交于中心 I。

(3) 取 EF 的中点 J 和 L 相连。

(4) 连接 FI 和 GI。

沿连线按任意次序把这个正方形剪成 5 块，连同上一个正方形剪出的 2 个三角形，就成为一副标准的七巧板了。

2.3 七巧板无穷奥妙的数学基础

组成七巧板的三角形、正方形、平行四边形都是规则多边形，由直线围成，缺乏变化，很难说能给人以优美的感觉和艺术的享受。其数量“7”则是一个素数，不能分为对称的两半。但就是这样一副看似平凡的七巧板，却能拼出无数优美的图案来，给人以极大的艺术享受，这其中有什么奥妙呢？寻根溯源，这首先要归功于制作七巧板时对正方形的巧妙分割。以基于一个正方形底板的制作方法为例（基于两个正方形底板的制作方法其实一样），如果把剪出来的小正方形边长定为 1，那么，七巧板中所有组块的边长只有以下四个值，即 1，$\sqrt{2}$，2，$2\sqrt{2}$，这四个长度之间近似形成 0.4，0.6 和 0.8 三个均匀递增的台阶，如图 2-3 所示。这是七巧板奥妙所在的第一个数学基础。

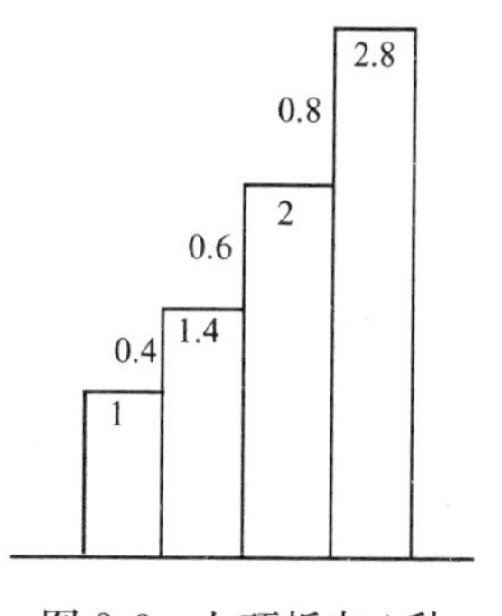

图 2-3 七巧板中 4 种线段长度的关系

其次是七巧板各组块几何形体之间的角度关系。我们看到，由于七巧板中包括的 2 大 1 中 2 小共 5 个三角形都是等腰直角三角形，另外两个一个是正方形，一个是边长为 1∶$\sqrt{2}$ 的平行四边形，因此，它们的内角都是 45°的整倍数，即对于三角形而言，有一个直角（2×45°），两个 45°角；对于正方形而言，四个角都是直角（2×45°）；对于平行四边形而言，2 个是 45°角，2 个是 135°(3×45°）角。这样，7 个拼板的所有内角形成 1∶2∶3 的简单关系，为拼出丰富的图形奠定了另一个数学基础。

再从面积上来看。我们定义正方形的面积为 1，则小三角形的面积为$\frac{1}{2}$，中三角形和平行四边形的面积和正方形相同，也为 1，它们都可以分为 2 个相同的小三角形；2 个大三角形的面积均为 2 而且各可分为 2 个小三角形加一个正方形（或平行四边形），或者分为 4 个小三角形，如图 2-4 所示。这样，一副七巧板可看成是由 16 个小三角形（以后我们称为基本三角形）所组成，总面积为 8，7 个组块的面积之间存在着 1∶2∶4∶8 的关系，这为它们相互替代、组合创造了条件。

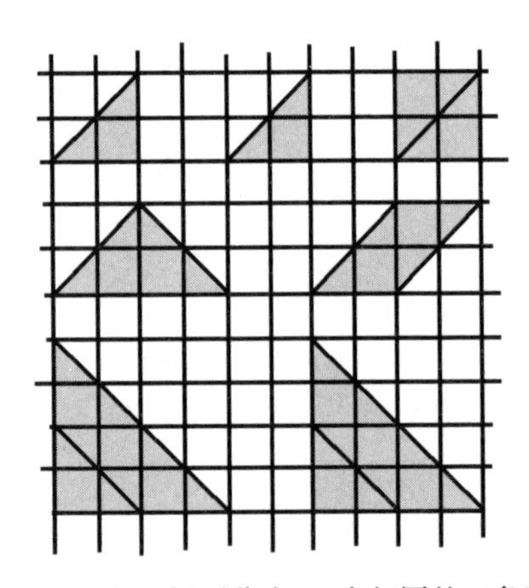

图 2-4　七巧板可分为 16 个相同的三角形

图 2-4 中的七巧板是画在方格纸上的。由图可见，三角形的直角边都位于纵、横坐标线上，而且都取整数格长度；三角形的斜边则正好是方格的对角线。后面，我们将把三角形的直角边叫做“有理边”（the rational)，而把三角形的斜边叫做“无理边”(the irrational)。

美学常识告诉我们，杂乱无章不能产生美，简单而有规律才能形成美。七巧板正是由于简单但有规律才能拼出种种完美的图形。

03 七巧板数学

七巧板除了作为玩具引起人们的兴趣外，它本身还蕴含着许多有趣的数学问题，涉及组合学、拓扑学、图论及等积变换等。这一章我们就来讨论这些问题。为了后面讨论方便，我们先根据七巧板的拼接方法定义以下 3 种“七巧图”。

1. 非常规七巧图（improper tangram）

七巧板中的各组块如果是通过尖角连接起来的，那么形成的七巧图叫非常规的，如图 3-1 所示。可以把这个图看成是身体前倾，正在急匆匆走路的人。但通常不这样玩七巧板，尤其是这种拼法在数学上没有什么意义。

2. 常规七巧图（proper tangram）

这种七巧图是通过将七巧板中的各组块互相紧挨着，也就是边-边相连而形成的，如图 3-2 所示。这个七巧图表示一个屈身、弯腰的人。对常规七巧图的限制是各组块之间不能重叠，每 2 块组件必须有一条边是重合的，整个图形的周长在拓扑上必有一个圆的周长与之对应。在特殊情况下，允许个别组块的顶角与其他组块相连。一般的七巧图就都是这种常规七巧图。

图 3-1　非常规七巧图

图 3-2　常规七巧图

3. 正规七巧图（regular tangram 或 snug tangram）

第 2 章中我们曾经提到，七巧板可以看成是由 16 个相同的等腰直角三角形，也就是基本三角形所组成的。基本三角形的直角边叫“有理边”，斜边叫“无理边”。在拼接七巧板时，如果限制 2 块组件之间要么通过有理边相连，要么通过无理边相连，而不能让一块的有理边与另一块的无理边相连，这样形成的七巧图我们起名为“正规七巧图”（regular tangram），滑铁卢大学的图论专家里德教授（Ronald C. Read）则称之为“snug tangram”，意思是拼接得很贴切、恰如其分的七巧图。而荷兰学者则把这种七巧图称为“gitter tangram”（见 Joost Elffers 等著，*Tangram：Das Alte Chinesische Formenspiel*，Koeln：Dumont，1978。中译本，七巧板——中国古老的拼板游戏，北京出版社，1984），蔡锡明先生译为“方格七巧图”，因为这样的七巧图的各个交点全都落在方格的交点上，如图 3-3 所示。图 3-4 中用七巧板拼出的小狗就是正规七巧图。

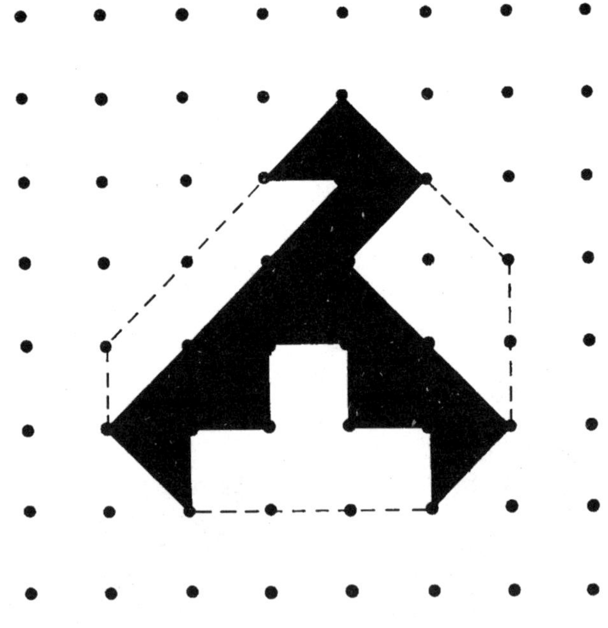

图 3-3　正规七巧图也称方格七巧图

显然，由于拼法上的限制，正规七巧图构成的形象会单调、刻板一些，逼真的程度稍差。但后面我们将会看到，正规七巧图在挖掘七巧板的数学内涵方面起着重要的作用。

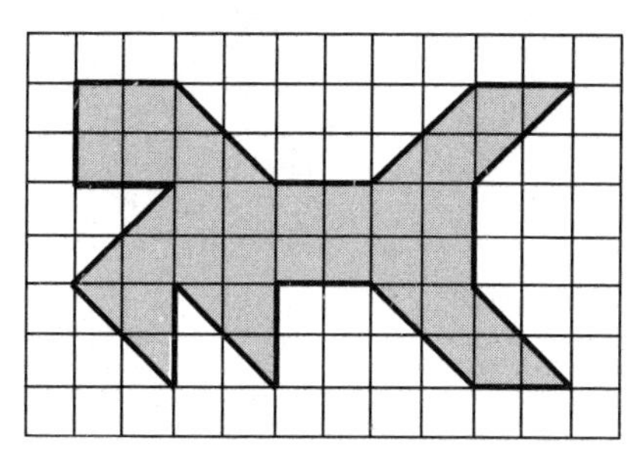

图 3-4 一个典型的正规七巧图——小狗

3.1 七巧板能构成多少凸多边形

由第 2 章七巧板的两个制作方法，我们立即可以知道，用一副七巧板可以拼成一个正方形，也可以拼成一个矩形，因为两个同样大小的正方形合在一起就是一个长宽比为 2∶1 的矩形。但是除了正方形和矩形之外，用一副七巧板还能拼出其他凸多边形来吗？能拼出多少个？这个问题是 20 世纪 30 年代由日本数学家提出的。问题提出以后，吸引了很多数学家的注意。最终这个问题是由浙江大学的 2 位学者解决的。他们的论文《关于七巧板的一个定理》（*A Theorem on the Tangram*）发表于《美国数学月刊》（*The American Mathematical Monthly*）1942 年的第 49 卷，作者署名 Fu Traing Wan 和 Chuan Chih Hsiung，一些资料把他们音译为王福纯和向全启，实际上他们的姓名为王福春和熊全治，王先生已故世，熊先生现侨居美国（感谢上海普陀区教育局的常文武先生提供上述信息）。论文非常简洁明了，只有短短 4 页。采用的方法是：把七巧板先看成是由 16 个相同的小的等腰直角三角形即基本三角形所组成的，并把这种三角形的直角边叫做“有理边”，斜边叫做“无理边”（我们前面已经指出过这一点了）。然后通过 4 条引理（lemma）求得由这 16 个基本三角形可能形成的凸多边形数，再从中除去不能由七巧板形成的那些凸多边形，这就证明了他们最后的定理：由七巧板能形成的凸多边形总共有 13 个。下面我们介绍一下这 4 条引理和最后定理的证明。

引理1 若16个基本三角形组合成一个凸多边形，则任一三角形的有理边不会和另一三角形的无理边重合（这个引理换一种说法就是：七巧板拼成的凸多边形一定是正规七巧图）。

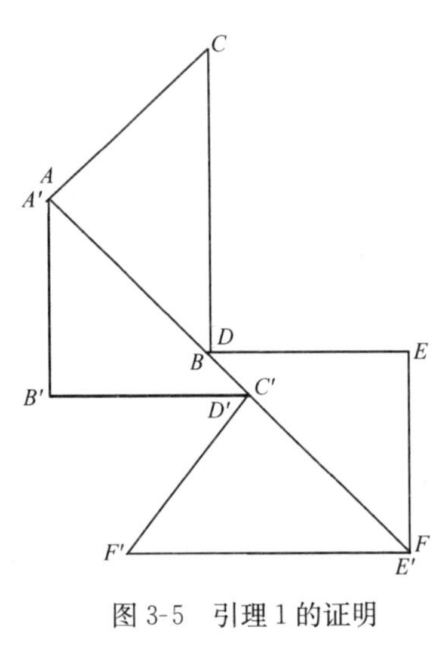

图3-5 引理1的证明

证明 设三角形为$\triangle ABC$和$\triangle A'B'C'$，$\triangle ABC$的有理边和$\triangle A'B'C'$的无理边重合。由于$\triangle ABC$和$\triangle A'B'C'$在一个凸多边形中，不失一般性，我们可假定顶点A和顶点A'重合。这样，至少有另一对$\triangle DEF$和$\triangle D'E'F'$，前者的无理边DF和后者的有理边$D'E'$是重合的，并有$D\equiv B$，$D'\equiv C'$，$E'\equiv F$，如图3-5所示（原论文中除给出一个组成七巧板的正方形以外，证明全部用文字说明，并无图形。我们这里为了使读者易于理解，添加了一些图）。由于16个基本三角形要组合成一个凸多边形，这样，对$\angle CDE$或$\angle B'D'F'$要用其他基本三角形进行填充，此时，一个三角形的一条有理边与另一三角形的无理边重合的情况将再次发生。因为就直角CDE而言，DE是有理边，而CD是无理边；就45°角$\angle B'D'F'$而言，其两边又都是有理边。重复应用上述讨论，显见所形成的多边形不可能是凸多边形，这与假设条件矛盾。由此，引理得证。

引理2 由16个基本三角形组成的凸多边形，其每条边要么全是由基本三角形的有理边组成，要么全是由基本三角形的无理边组成的。此外，如果把由基本三角形的有理边组成的边叫做凸多边形的有理边；把由基本三角形的无理边组成的边叫做凸多边形的无理边，则一般而言，凸多边形的有理边和无理边是交替出现的。只当凸多边形的某个角是直角这种特殊情况下，其相邻两边才要么都是有理边，要么都是无理边。

这个引理可以直接从引理1推导出来，无需另外证明。

引理3 由16个基本三角形组成的凸多边形，其边数不超过8。

证明 因为n条边的凸多边形的所有内角之和为$(n-2)\pi$，而由七巧板中的组块所能形成的最大角为$3\times 45°$，即$3\pi/4$，因此我们有以下关系：$(n-2)\pi\leqslant n\cdot 3\pi/4$。

因而 $n\leqslant 8$。

由引理 2 和 3，又因为由基本三角形形成的凸多边形的内角只有锐角 45°，直角 90°，钝角 135°这三种可能，n 边的凸多边形的内角总和又必为 $(n-2)\times 180°$，因此，满足条件的凸多边形只有以下几种可能：

（1）八边形，8 个都是钝角。

（2）七边形，6 个钝角加一个直角。

（3）六边形，4 个钝角加 2 个直角或者 5 个钝角加 1 个锐角。

（4）五边形，2 个钝角加 3 个直角或者 3 个钝角加 1 个锐角和 1 个直角。

（5）四边形，2 个钝角加 2 个锐角（平行四边形或等腰梯形）或者 1 个钝角加 2 个直角和 1 个锐角或者是 4 个直角（长方形或正方形）。

（6）三角形，1 个直角加 2 个锐角。

考察全部这 10 种可能的凸多边形，可以发现，对于四边形、五边形、六边形和七边形，总有 2 条边是平行的；对于八边形，则有两对边是互相平行的，而这两对边之间又是互相垂直的，这样，我们就可以获得以下引理：

引理 4 如果16个基本三角形组成一凸多边形，则该多边形可内接于一个矩形，该多边形的所有有理边或者所有无理边就是该矩形的 4 条边。

有了以上 4 条引理，我们就可以证明最后的定理，即七巧板能形成的凸多边形总数为 13 的结论了。为此，我们首先假设能拼成的凸多边形是八边形，用 $ABCDEFGH$ 表示。由引理 2 和 4，可进一步假设该多边形是内接于矩形 $PQRS$ 的，多边形的有理边 AB，CD，EF，GH 分别和外接矩形的 PQ，QR，RS，SP 重合，如图 3-6 所示（图中 G 和 H 重合，这并不丧失一般性）。我们再进一步假设 HA，BC，DE，FG 这 4 条凸多边形的无理边中各包含 a，b，c，d 条基本三角形无理边，而 PQ 和 QR 的长度分别和基本三角形的 x 和 y 条有理边长度相等，于是根据三角形和矩形的面积公式，我们有以下等式（其中的 8 是七巧图的面积）：

$$\frac{1}{2}a^2+\frac{1}{2}b^2+\frac{1}{2}c^2+\frac{1}{2}d^2=xy-8$$

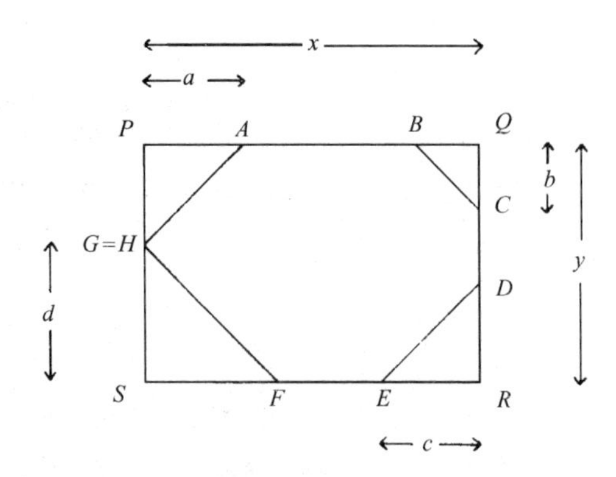

图 3-6　定理的证明

化简得

$$a^2+b^2+c^2+d^2=2xy-16 \tag{3.1}$$

此外显然还有以下限制条件：

$$\begin{cases} a+b\leqslant x, & c+d\leqslant x \\ a+d\leqslant y, & b+c\leqslant y \end{cases} \tag{3.2}$$

这样，只要找出式（3.1）和式（3.2）的整数解，我们的问题就解决了。为此，分别考虑以下三种情况。

情况一：$y>x$，$y>5$。这时又可分以下两种情况。

（1）$x>1$。注意到当 $x\geqslant5$ 时，有以下关系：

$$9/x+x<2+x\leqslant y+1$$

那么，在 $x>1$ 且 $y>5$ 的条件下，下式成立：

$$x(y+1)>x^2+9 \tag{3.3}$$

根据式（3.1）和式（3.3）以及下列不等式：

$$c^2+d^2\leqslant(c+d)^2\leqslant x^2$$

立即可获得以下关系：

$$a^2+b^2>(x-1)^2+1 \tag{3.4}$$

由此可见，a 和 b 不能同时为 0。另一方面，a 和 b 又不能都不是 0，因为若 $a\geqslant1$，$b\geqslant1$，则根据式（3.2）中的第一个不等式，对于 $x>1$ 的情况将有

$$a^2+b^2\leqslant(a+b-1)^2+1\leqslant(x-1)^2+1 \tag{3.5}$$

而式（3.5）恰和式（3.4）矛盾，因此，或者是 a 或者是 b 应为 0，

但不能两者同时为 0。设 $b=0$，则 $a\leqslant x$。而进一步看，若 $a<x$，则$a\leqslant x-1$，又将同式（3.4）矛盾，因此必有 $a=x$。

类似地，我们可以知道，对于 c 和 d，必有 $c=0$，$d=x$；或者是 $c=x$，$d=0$，这样就可以获得式（3.1）和式（3.2）的以下 4 组整数解：

序号	x	y	a	b	c	d	解编号
(1)	2	6	2	0	2	0	(5)
(2)	2	6	2	0	0	2	(7)
*(3)	4	6	4	0	4	0	
*(4)	8	9	8	0	8	0	

（2）$x=1$。这时，$a+b\leqslant1$，$c+d\leqslant1$，因此要么 $a=b=c=d=0$，要么 $a=c=1$，$b=d=0$，要么 $a=c=0$，$b=d=1$。由此我们可获得以下 3 组整数解：

序号	x	y	a	b	c	d	解编号
*(5)	1	8	0	0	0	0	
*(6)	1	9	1	0	1	0	
*(7)	1	9	0	1	0	1	

情况二：$x=y$。

在这种情况下，我们应该证明的是 $x\leqslant5$。首先容易看出，当 $a=b=c=d=0$ 时，无解。其次，若 a，b，c，$d<x$，则有

$$a^2+b^2\leqslant(x-1)^2+1,\qquad c^2+d^2\leqslant(x-1)^2+1\qquad(3.6)$$

由式（3.1）和式（3.6）可获得以下关系：

$$2x^2-16\leqslant2(x-1)^2+2$$

由此式可证明 $x\leqslant5$。

再次，我们考虑 a，b，c，d 之一等于 x 的情况。例如，若 $a=x$，则由式（3.2）可知，$b=0$，$d=0$。于是式（3.1）变为 $x^2=16+c^2$，于是 $x=5$ 或 $x=4$。

最后，不难证明，当 $a=b=0$ 或 $c=d=0$ 时，$x\leqslant4$；而当 $a=b=c=0$ 时，$x=d=4$，于是，我们又可以获得以下 6 组整数解：

序号	x	y	a	b	c	d	解编号
*(8)	5	5	4	1	4	1	

*(9)	5	5	5	0	3	0	
(10)	4	4	2	2	2	2	(2)
(11)	4	4	4	0	0	0	(4)
(12)	3	3	1	0	1	0	(12)
(13)	3	3	1	0	0	1	(8)

情况三：$x<y\leqslant 5$。

在这种情况下，我们可直接根据式（3.1）和式（3.2）检查 x，y，a，b，c，d 的每一组整数值，并获得满足条件的以下 7 组解：

序号	x	y	a	b	c	d	解编号
(14)	3	5	3	0	1	2	(11)
(15)	3	5	3	0	2	1	(1)
(16)	2	5	1	1	1	1	(10)
(17)	2	5	2	0	0	0	(6)
(18)	3	4	2	0	2	0	(13)
(19)	3	4	2	0	0	2	(9)
(20)	2	4	0	0	0	0	(3)

至此，我们获得了可由 16 个基本三角形组成的 20 个凸多边形。其中，在左侧序号前加“*”的显然是不可能由七巧板实现的，而其余 13 个就是可以由七巧板拼成的全部凸多边形，其中包括 1 个三角形，6 个四边形，2 个五边形，4 个六边形。读者当然希望论文作者能够给出这些图形，但遗憾的是没有。作者在文中说：“篇幅不允许把它们包括进来”（space does not permit their inclusion here）。笔者猜测，是《美国数学月刊》的编辑由于“吝啬”版面或其他什么原因而把这些图删去了。尽管如此，这两位中国学者的这篇论文还是赢得了学术界的赞誉。著名的美国娱乐数学专家、*Scientific American* 杂志的专栏作家马丁·伽德纳就称赞“他们的证明方法是有独创性的”（Their approach was ingenious，见 *Scientific American* 1959 年 9 月号）。独创性主要体现在把几何问题化作了代数方程去求解。我们看到，两位中国学者在破解这一问题时，关键的一步是首先意识到用七巧板拼成的凸多边形一定是正规七巧图，并巧妙地通过将七巧板看成是由 16 个基本三角形组成的，给予了证明。其次是推论出这样的凸多边形的边数不超过 8，这使后面

的证明大大简化。再下去，采取步步为营的方法，分析各种可能的情况，问题就迎刃而解了。我们对他们的智慧、机巧和科学态度表示钦佩。尤其难能可贵的是，20 世纪 40 年代初，由于日本军国主义对中国的侵略，中国人民正处于水深火热之中，浙江大学也由杭州被迫迁往边远的贵州办学，在如此恶劣、困难的环境条件之下，这两位数学家能够潜心研究，解决了这样一个看似不难其实却大不容易的问题，在国际上有影响的学术刊物上发表了论文，向全世界证明了中国人的聪明和面对艰难困苦仍坚忍不拔的精神，是值得我们学习和发扬光大的。

3.2 对 13 个凸多边形的讨论

两位中国学者的论文中虽然没有给出由七巧板所能形成的 13 个凸多边形的图形，但是我们根据论文中给出的图形参数，可以把它们拼出。这虽然并非难事，但也需要足够的耐心，动一些脑子。图 3-7 中我们给出这全部 13 个凸多边形，为了和论文中的参数对照，这些图也画在方格纸上，以便容易地看出有理边或无理边。每个凸多边形的边上有个编号，对应于 3.1 节表中右侧的解编号。用七巧板如何拼出这些凸多边形来，请读者先自己试一试，我们在书末再给出拼法供读者参考(下同)。

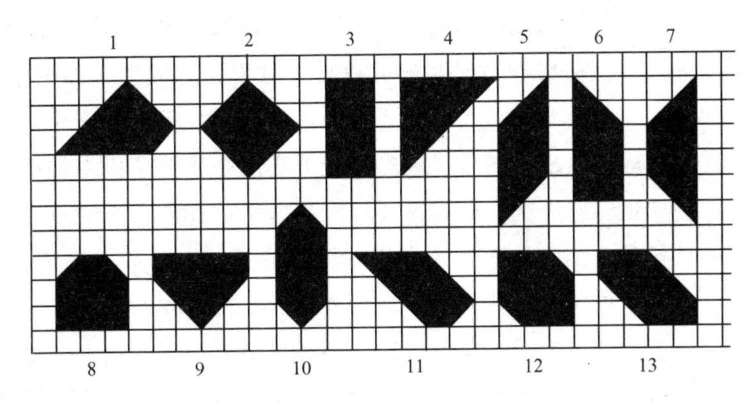

图 3-7　七巧板能拼出的 13 个凸多边形

下面我们对这 13 个凸多边形从数学角度作一些讨论。

这 13 个凸多边形如果是用同一副七巧板拼出来的，它们的面积自然是相等的。这正是七巧板游戏的重要数学内涵之一，在几何学上叫做

"等积变换"，亦即七巧板不管拼出什么样的图形来，它们的面积总是不变的。等积变换的概念在我国三国时代（公元 220～280）就已经有了，中国的数学家曾经取得很杰出的成就。这个问题我们后面还将讨论。

这些凸多边形中，周长最大的是 4，5 和 7，也就是一个梯形，一个平行四边形和一个等腰直角三角形，它们的周长都包含 8 个单位的有理边和 4 个单位的无理边。周长最小的是 8 和 12，也就是由正方形分别去掉 2 个对角或 2 个邻角所形成的六边形，它们的周长中也包括 8 个单位的有理边，但只包括 2 个单位的无理边。

引理 4 中说，或者是凸多边形的所有有理边，或者是凸多边形的所有无理边被作为其外接矩形的边。考察一下我们最后获得的 13 个凸多边形的图 3-7，会惊奇地发现，实际上，除了正方形是以无理边作为其外接矩形的边以外，其余 12 个凸多边形都是以有理边作为其外接矩形的边的。此外，正方形也是惟一一个凸多边形，其边全都是无理边，其他凸多边形除了矩形只有有理边外，均是既有有理边，也有无理边的。里德对这一现象做出了解释。他首先分析了边全部是无理边的七巧图画在方格纸上时所出现的现象。他注意到这时七巧图中所有的边同坐标线均成 45°，所有的拐角必定要么是 90°，要么是 270°，而每条边必是 $\sqrt{2}$ 的倍数，七巧图的面积是 8，这样，他获得结论：如果有这样的七巧图，那只能是由边长为 $\sqrt{2}$ 的 4 个正方形所组成的"四连方"（tetromino，有人译为"四格拼板"）。四连方只有 5 种形式，除了正方形以外，其他 4 种形式如图 3-8 所示。但这 4 种形式的四连方都不可能用七巧板以正规方式拼成。道理很简单：因为正规七巧图中，七巧板中的那个小方块必须是"正"着放的，而在这 4 种四连方中，允许小方块正着放的位置，都只各有 3 个，如图 3-8 中有阴影部分所示。对第一个四连方，小正方形不管占据哪个位置，2 个大三角形都无法安放了；对其他 3 个四连方，小正方形占据任一位置以后，都最多只有 1 种方法去安排 2 个大三角形。但一旦正方形和 2 个大三角形就位以后，平行四边形就都没有安身之地了。因此这 4 个四连方都不可能用七巧板拼成；换句话说，边全部是无理边的七巧图只有正方形的那个四连方。

这 13 个凸多边形中，还有一个很有趣的现象，即其中有 8 个是对称的，5 个是不对称的。8 个对称的凸多边形中，又有 4 个各有 2

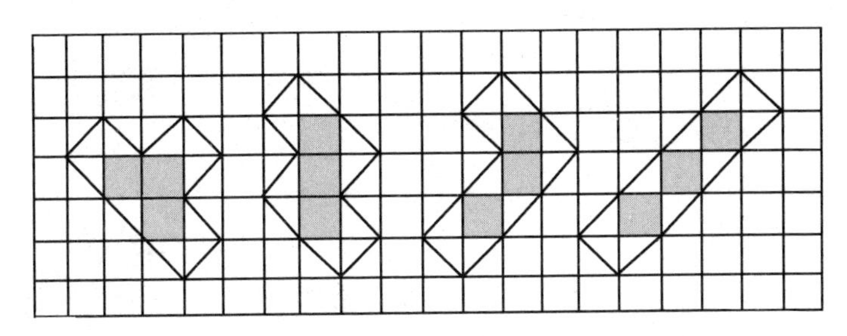

图 3-8 除正方形以外的其他 4 种四连方不可能是七巧图的证明

个对称轴，它们的编号为 2（正方形），10 和 12（六边形），以及 3（矩形）。只有一个对称轴的多边形有 7（梯形），4（三角形），8（六边形）和 9（五边形）。不对称的 5 个多边形中，5（平行四边形）和 13（六边形）仍然是规则的多边形，只有 11（五边形）和 1，6（四边形）3 个是不规则的。因此，如果把 5 个不对称凸多边形的镜像也算进来的话，用一副七巧板可以拼出来的凸多边形总数是 18 个。

3.3 七巧板能构成多少五边形

前面我们讨论了用一副七巧板能拼出多少凸多边形的问题。由于三角形和四边形一定都是凸多边形，所以前面给出的那一个三角形和六个四边形也就是用一副七巧板能拼出的全部三角形和四边形。五边形就不同了，它不一定是凸的，也就是说，五边形的内角可能有大于 180°的，这样，问题来了：用一副七巧板能拼出多少五边形呢？这个问题由哈里·林德格仑（Harry Lindgren）提出以后，里德也进行了研究。马丁·伽德纳在《科学美国人》1974 年 9 月号“数学游戏”专栏中披露了里德解决这个问题的方法和结果。我们这里作一简要介绍。

里德的方法如下：假设我们有一个 5 条边的正规七巧图，从它的某个顶角开始，按顺时针或逆时针方向顺序记录其 5 个顶角的大小。由于七巧图的顶角总是 45°的倍数，所以我们可以把 45°记为 1，90°记为 2，135°记为 3，如此等等，这样，可能的顶角度数为 1，2，3，5，6，7。又由于五边形内角之和为 540°，这样，记下来的 5 个数字之和必为 12。如果有 2 个五边七巧图，按这个方法记下来的 5 位数分别是 61122 和 62211，那说明这两个七巧图是互为镜像的，则不认为它们是不同的，只取其一即可。这样，五边正规七巧图只有以下 20 个可能的角度组合值（伽德纳给出的 20 组数有 3 组是错的，这里已加以改正）：

72111	62121	53211	52131	51222
71211	62112	53121	52122	33231
63111	61311	53112	51321	33222
62211	61221	52311	33321	32322

下一步，我们逐一考察每个数列，看看有多少不同的七巧图与之相配。以 62211 为例，它的七巧图应有图 3-9 中（a）那样的形状，但各条边的长度未知，标以 x，y，z。我们前面说过，设七巧板中的正方形面积为 1，则七巧图的总面积为 8，因此由图 3-9（a），我们有：

$$xy+\frac{1}{2}z^2=8 \tag{3.7}$$

下面需要考察两种可能性：一种是 x，y，z 属于有理边，一种是 x，y，z 属于无理边。在前一种情况下，x，y，z 必为整数，均不大于 8，且 z 大于 x。根据这些条件，我们就不难找到式（3.7）的一组整数解：

$$x=1,\quad y=6,\quad z=2$$

由这组整数解获得的图如图 3-9（b）所示。显然，这样细长的图案是不可能用七巧板拼出来的。

在后一种情况下，x，y，z 都是 $\sqrt{2}$ 的倍数，为了方便，我们把图 3-9（a）改画成图 3-9（c）那样的形状，其面积公式为

$$2xy+z^2=8 \tag{3.8}$$

基于同前面相同的条件，我们可获得式（3.8）的一组整数解：

$$x=2,\quad y=2,\quad z=2$$

把 x，y，z 的值都乘以 $\sqrt{2}$ 以后，可以画出七巧图如图 3-9（d）所示。

好了，利用类似过程逐一考察上述 20 个数组，就可以获得由七巧板用正规方式所能拼成的五边形了。其中某些数列像 62211 一样，可给出一个以上图形，某些数列则根本无法给出图形，也有些数列可以给出图形，但无法由七巧板实现。里德最后获得五边形的正规七巧图是 16 个，示于图 3-10 的上面三排，其中包括 3.2 节中已经获得的 2 个凸五边形。

然而，五边形不一定非得是正规七巧图，也可以有常规的七巧五边

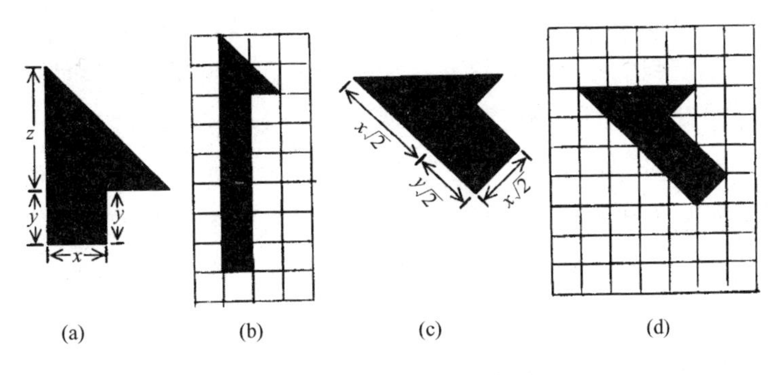

图 3-9 七巧五边形的构成

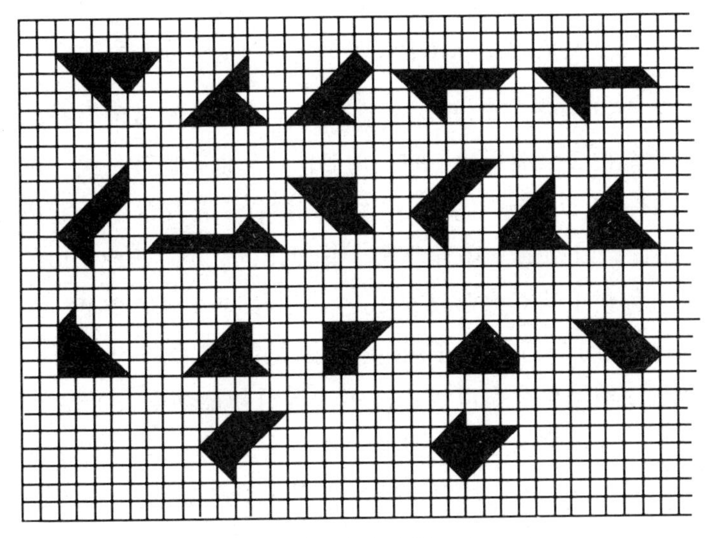

图 3-10 里德用七巧板拼出的五边形

形。也就是说，通过有理边和无理边相连也可能拼出五边形来。这当然使问题复杂化了。里德研究以后，认为常规的七巧五边形是不会很多的。其理由是：假设在拼七巧图的某一步中，获得了如图 3-11 所示的图形，其中 AB 是无理边，DE 是有理边，两者重合。在接下去的拼排中，如果剩下的组块恰能把$\angle ADF$ 和$\angle BEF$ 填满，则形成的是四边形$ACBF$，不是五边形；如果剩下的组块不能使 2 个角都恰好填满，

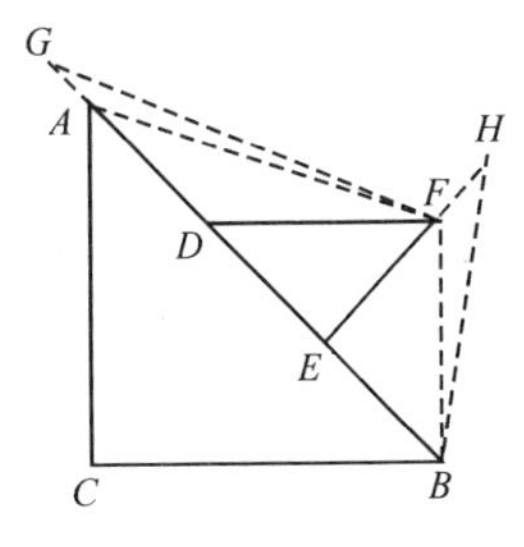

图 3-11 里德认为常规七巧五边形不会很多的证明

则形成的是六边形 $AGFHBC$，也不是五边形。由此可见，为了形成五边形，必须使剩余的组块能恰好填满一个角（正规连接），而另一个角又必须不能填满（非正规连接）。然而实际上这是做不到的，只有让 $\triangle DEF$ 上移或下移，使 D 与 A 重合，或 E 与 B 重合。里德因此认为，为了以非正规方式构成五边形，只能由 2 个三角形以非正规方式连接，其连接边的一端是正规的，另一端是非正规的。换句话说，对于 A，D 重合的情况，要么 AE 是有理边，EB 是无理边；要么 AE 是无理边，EB 是有理边。此其一。

再从面积要求上看，七巧图中的三角形面积有以下四种可能（图 2-4）：$\frac{1}{2}$（一个小三角形）；1（中三角形）；2（大三角形）；4（两个大三角形合成一个三角形）。因此，里德认为，为了构成面积为 8 的非正规七巧图，只能把 2 个面积为 4 的三角形连接起来，也就是说，在图 3-11 中，$\triangle ABC$ 和 $\triangle DEF$ 应该是一样大的。这样，常规的七巧五边形只有 2 种可能情况，就是图 3-10 最下面一排给出的 2 个。至此，里德认为用一副七巧板能拼出的五边形只有 18 个，其中凸多边形 2 个，非凸多边形 16 个；正规的 16 个，非正规的（也就是常规的）2 个。

里德的研究结果公布以后，许多读者给伽德纳寄去了比里德的 18 个七巧五边形多得多的图形，说明里德只有 18 个七巧五边形的结论是不正确的。其中，瑞典的埃克·林德格仑（Åke Lindgren）和伊利诺伊州的阿仑·斯鲁泽（Allan L. Sluizer）各自独立发现了总共 53 个七巧五边形。伽德纳后来在《科学美国人》杂志上介绍另一个数学游戏的文章末尾简单地提到这个问题，并认为虽然至今无法给出形式化证明，但看来七巧五边形总数就是 53 个，其中正规的 22 个，常规的 31 个。但是他没有给出进一步的图形，我们也没有查到相关资料。

2005 年 8 月，中国台湾台北县三重市五华国小学务主任吴望如先生在看了《七巧板、九连环和华容道》一书后，致函笔者，并惠赠其新作《智慧の板》（五华国小出版发行）。书中提到，“日本的竹内郁雄研究出七巧板可以拼成 53 种任意形状的五角形”，但是也没有给出这些图形，我们也没有查到有关资料。笔者曾致信吴先生询问，可惜没有回音。

在这种情况下，为了弄清这个问题，笔者与广东深圳的中学生莫海亮（我们是通过《好玩的数学》成为忘年交的）合作，走上了自行搜寻七巧五边形之路。到 2005 年 11 月，我们终于也拼出了 53 个七巧五边形，平了这方面的世界纪录（其中大部分是莫海亮的功劳）。现在我们把它们奉献给读者，相信会给七巧板的喜爱者带去一个惊喜。

因为图 3-10 已经给出里德发现的 18 个七巧五边形，为免重复，我们在图 3-12 中只给出其他的 6 个正规七巧五边形，图 3-13 中只给出其他的 29 个常规七巧五边形，合起来总共是 53 个七巧五边形。

图 3-12　被里德遗漏的正规七巧五边形

图 3-12 中的 6 个正规七巧五边形的角度组合值分别是 61221，62121，61311，52131，61311 和 71211。这些值都在里德给出的 20 个可能值之中，说明里德分析正规七巧五边形的方法还是正确的。但由于有这样的组合值的七巧图是否存在仍然要靠拼摆七巧板作出判断，里德有所疏漏还是情有可原的。

对图 3-13 中的 29 个常规七巧五边形作一分析，我们看到，它们的有理边和无理边相重合边的一侧一定是一个三角形，里德的这一判断是正确的；而另一侧则不是三角形而是四边形了。里德在证明过程中（图 3-11）设定另一侧只有一个顶点，从而必定也是一个三角形，这就犯了先入为主的错误，导致了片面性。

图 3-13　被里德遗漏的常规七巧五边形

仔细分析这 29 个图形，我们还看到，在有理边和无理边相重合的这一条边的一侧必定出现的三角形，有多种情况，它的面积有 4、2、$\frac{1}{2}$等几种可能。面积为$\frac{1}{2}$的当然只能是一块小三角形板；面积为 2 的只有一块大三角形板一种情况；而面积为 4 的又有多种可能，它可以是由 2 块大三角形板组成的，也可以是除 2 块大三角形板以外的其他 5 块板组成的，也可以是一块大三角形板加 3 块小板，或者是一块中三角形板加 4 块小板组成的。

对于有理边和无理边相重合边的另一侧的四边形，更呈现出复杂多变的情况，它可能是正方形，也可能是矩形，也可能是平行四边形，也可能是等腰或不等腰的梯形，也可能是不规则四边形（但必定有两个直角）。这些四边形又可能是由不同的七巧板板块所组成，有不同的面积，充分显示了七巧板的千变万化和无穷奥妙。我们在搜寻这些图形过程中，有时拼出了一个五边形，再简单变动一个组块的位置就又获得另一个五边形，使我们欣喜若狂。七巧板的魅力正在于此。

讨论完了用七巧板拼五边形的问题，我们对用七巧板拼多边形的这一大问题的讨论暂时告一段落。读者也许会问，为什么不进一步讨论用七巧板拼六边形、七边形、……以至 23 边形（因为七巧板的总周边数为 23，所以它最多能拼出 23 边形）的问题呢？这个问题只要看一下图 3-10 中的 2 个非正规五边形就明白了：你只要将其中的一个三角形沿着非正规连接边移动，就可以获得无数的六边形，当然这样的六边形仍然是常规七巧图。至于用七巧板能拼出多少正规六边形，人们除了弄清前面已讨论过的 4 个凸六边形以外，至今还没有人解决这个问题，需要人们继续去探索。

3.4 七巧图的边数

现在我们转而讨论七巧图的边数问题。用七巧板能拼成的边数最少的图形是三角形，这是一个正规七巧图，我们前面已经见过了。由于七巧板的总周边数是 23，因此，不管是常规七巧图还是非常规七巧图，边数最多是 23，这也是没有问题的。问题是正规七巧图最多可以有多少条边？我们可以通过以下方法解决这个问题。首先为七巧板定义“边段”（side segment）这样一个概念。所谓七巧板某个组块的边段数就是它的边由于正规连接而可能被划分为若干段的段数。对于七巧板中的小三角形、正方形和平行四边形，显然，边段数和边数是一样的。而对于中三角形和大三角形，边段数和边数就不一样了。由图 2-4 可见，中三角形的边段数是 4，大三角形的边段数是 6。这样，七巧板七个组块的总边段数是 30。

其次，我们看到，在以正规方式拼七巧图的过程中，每当把 2 个组块连接在一起时，至少总有 2 个边段（就是互相连接的 2 个边段）会被封闭在七巧图以内，从而不会出现在七巧图的周边中。拼成一个七巧图至少有 6 个连接，因此至少有 12 个边段不会出现在七巧图周边。这样，即使七巧图的边全部是由边段组成的，它最多也只有 18 个，于是结论就出来了：正规七巧图的边数最多是 18。图 3-4中的小狗就是这样一个有最大边段数 18 的七巧图。你能拼出几个有最大边段数的七巧图来吗?当然，如果不要求图形类似于什么动物或物品，这是容易的，比如把图 3-4 中的狗头，也就是左上角的正方形挪到背上去，其边段数仍是 18，但形成的图案就什么也不像了。而如果把狗头挪到腹部，边段数就只有 16 了。

3.5　七巧图扩展成凸多边形的面积

就七巧图本身而言，任何七巧图的面积都是 8，是没有什么可研究的。但荷兰学者巧妙地提出了这样一个问题：如果用最少数量的基本三角形对正规七巧图进行扩展，使之成为凸多边形，最多能有多大面积?这就成为一个饶有趣味的数学问题了。这一节我们就来讨论这个问题。

首先我们注意到，把正规七巧图扩展成为凸多边形所需要的基本三角形数量是“因图而异”的，而且可能相差很大。以图3-10中的 16 个五边形为例（图中本身已经是凸五边形的 2 个除外），从左到右、从上到下，扩展成凸多边形所需的基本三角形数分别是 2，7，6，8，12，8，8，4，12，6，8，6，4，4，6，5，如图 3-14有阴影部分所示。我们把扩展七巧图成为凸多边形所需要的基本三角形数量称为“余数”，把需要添加 n 个基本三角形才能扩展为凸多边形的七巧图称为“余数为 n 的七巧图”，而把余数为 n 的七巧图经过扩展若成为 m 边形的称为“余数为 n 的 m 边形七巧图”，这样，问题就变为求余数最大的七巧图了。

显然，我们前面已经给出的 13 个凸多边形七巧图是余数为 0 的，因为它们不需要添加基本三角形。图 3-14 中的 16 个五边形七巧图，余数最小是 2，只有 1 个；余数最大是 12，有 2 个，其他分别是 4，5，6，7，8，10，中间缺 1，3，9，11。荷兰学者详细研究了余数的分布情况，获得了余数为 1 的全部 133 个七巧图，这 133 个七巧图可分为以下几类：

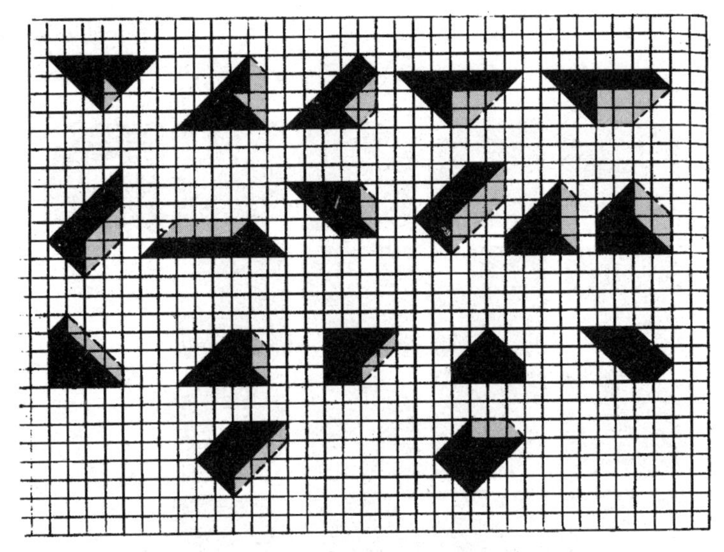

图 3-14　把七巧五边形扩展为凸多边形

（1）外观为三角形缺一角的七巧图 27 个，如图 3-15 所示。这 27 个七巧图添加一个基本三角形以后将成为四边形，添补三角形有的位于这个四边形的边缘，这叫做七巧图的“缺口”，有的位于四边形中间，这叫做七巧图的“空洞”。空洞又有两种，一种是位于七巧图内部，不与周边相接的，这叫“内部空洞”；另一种是至少有一个顶角同七巧图周边相接的，这叫“边缘空洞”。之所以做这样的区分，是这种现象后面将引出新的问题。

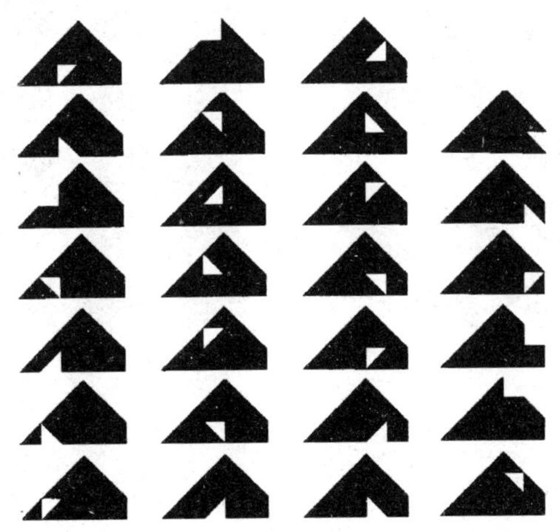

图 3-15　余数为 1，外观为三角形缺一角的七巧图

（2）外观为正方形缺一角的五边形 17 个，如图 3-16 所示，其中有缺口的 8 个，有内部空洞的 3 个，有边缘空洞的 6 个。

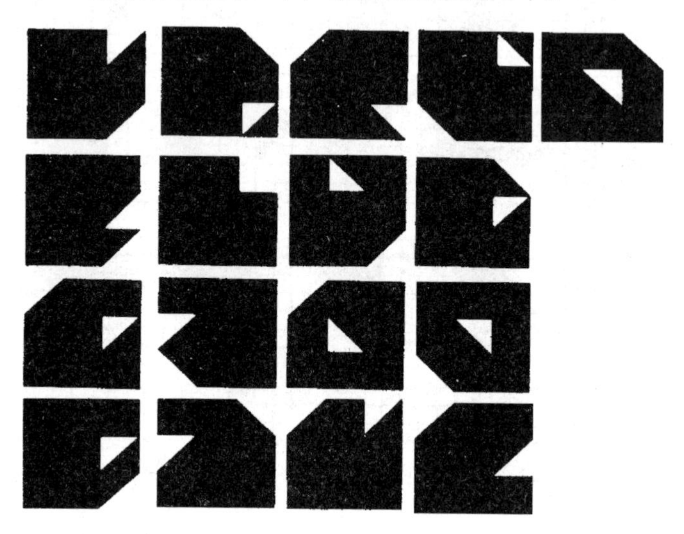

图 3-16　余数为 1，外观为正方形缺一角的七巧图

（3）外观为长条楔形的五边形 8 个，如图 3-17 所示。其中有缺口的 5 个，有边缘空洞的 3 个，但没有（也不可能有）内部空洞。

（4）外观为平行四边形缺一角的五边形 23 个，如图 3-18 所示。其中有缺口的 11 个，有边缘空洞的 11 个，只有 1 个有内部空洞。

图 3-17　余数为 1 的长条楔形七巧图

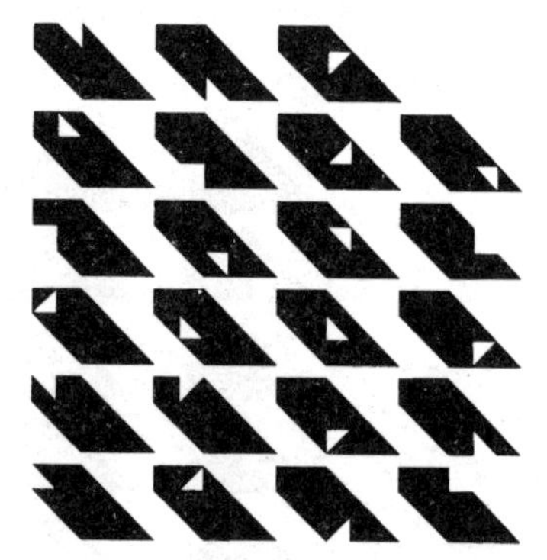

图 3-18　余数为 1 的缺角的平行四边形七巧图

（5）外观为楔形的六边形 28 个，如图 3-19 所示。其中有缺口的 15 个，有空洞的 13 个，全是在边缘的。

图 3-19　余数为 1 的楔形六边形七巧图

(6) 外观为缺两个角的斜置矩形的六边形 12 个，如图 3-20 所示，其中有缺口的 5 个，有边缘空洞的 6 个，只有 1 个有内部空洞。

图 3-20　余数为 1 的缺两个角的斜置矩形七巧图

(7) 补一个基本三角形将成为七边形的 18 个，如图 3-21 所示。其中有缺口的 12 个，有边缘空洞的 5 个，也只有 1 个有内部空洞。

根据 3.1 节的讨论，理论上可以用 16 个基本三角形组成面积为 8，有 8 条边的凸多边形，但实际上用七巧板最多可以实现凸六边形。因此，余数为 1 的七巧图要形成八边形外观，只添加一个基本三角形就可以成为凸八边形是不可能的。

图 3-21 余数为 1，补一个基本三角形后成为七边形的七巧图

上面我们给出了荷兰学者获得的全部 133 个余数为 1 的七巧图，他们也获得了余数为 2，3，…的七巧图，而且发现，余数越大，七巧图越多，比如余数为 2 的七巧图，他们就给出了 549 个，这还不是全部。从形状上来讲，由于需要添补 2 个基本三角形，这样缺口与空洞的形式更加多样：在 2 个添补基本三角形相邻的情况下，可以是三角形的，也可以是正方形的，也可以是平行四边形的；在添补的 2 个基本三角形不相邻的情况下，它们可以有种种不同的相对位置，也可以一个是缺口，另一个是空洞，如此等等，十分丰富多彩。尤其是，余数为 1 的七巧图中，没有通过添加一个基本三角形而能形成三角形这样的凸多边形的，而在余数为 2 的七巧图中，却有 133 个（恰是余数为 1 的七巧图的总数）可以通过添加 2 个基本三角形成为三角形！图 3-22 中我们给出这 133 个余数为 2 的七巧图。余数为 2，通过扩展能成为四边形、五边形、六边形、七边形的，我们按类型分别示于图 3-23～图 3-34。

图 3-22 余数为 2，外观为三角形七巧图

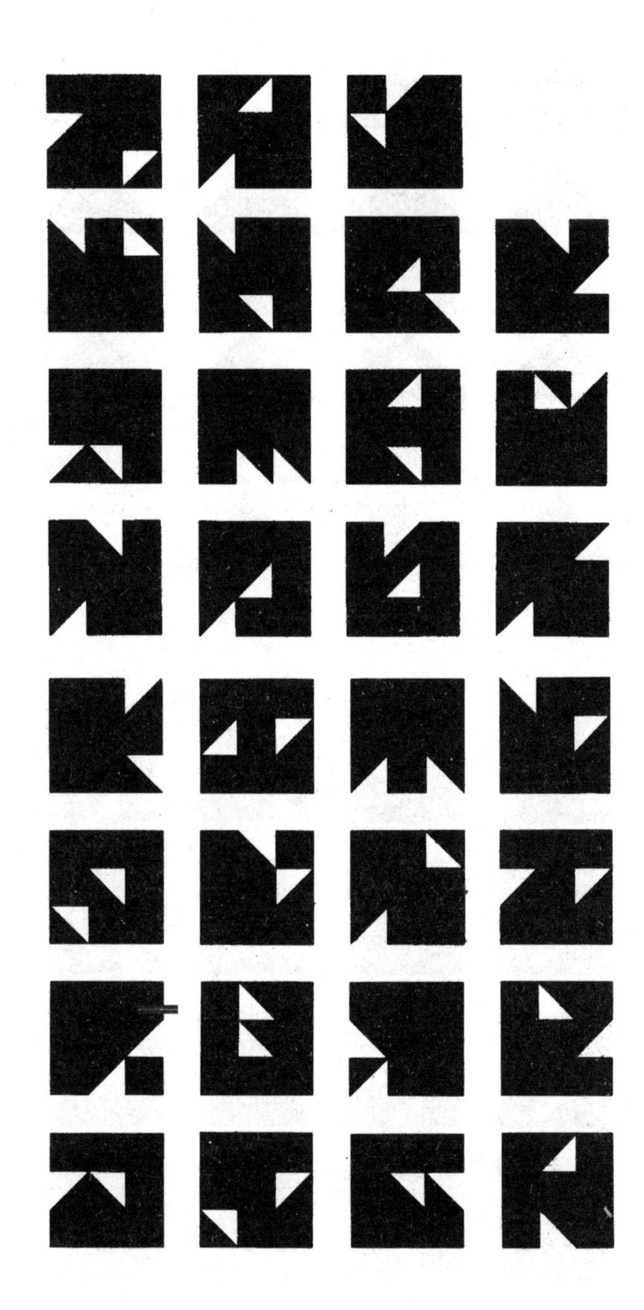

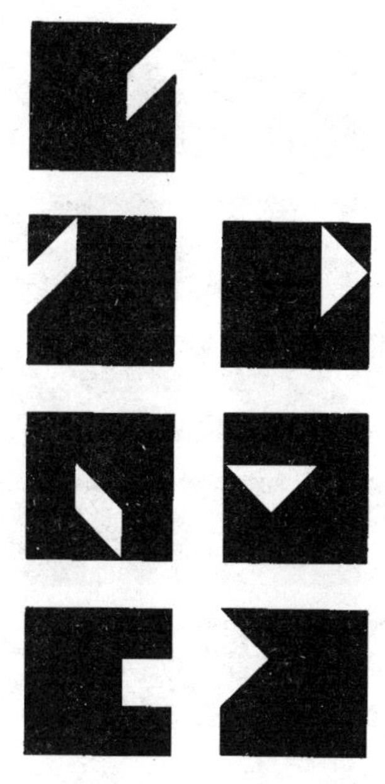

图 3-23 余数为 2，外观为正方形七巧图

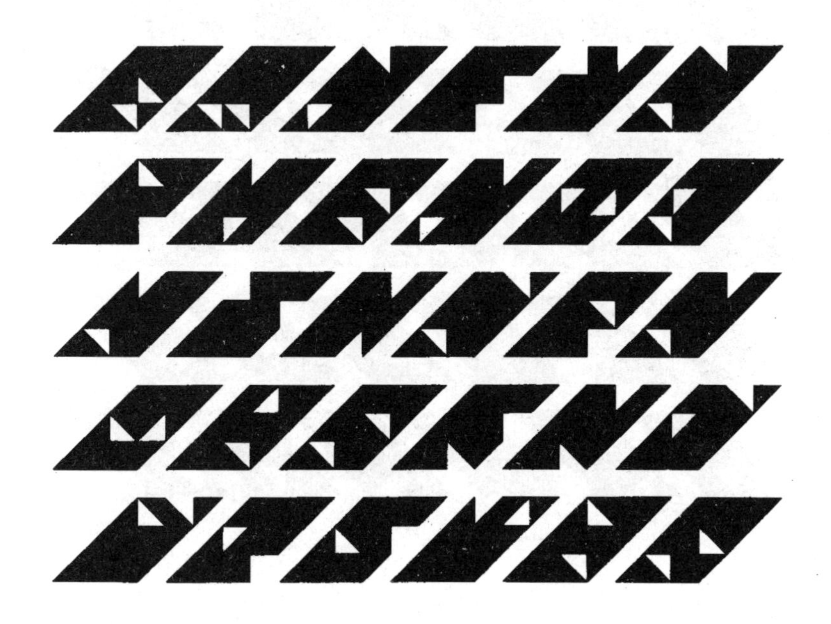

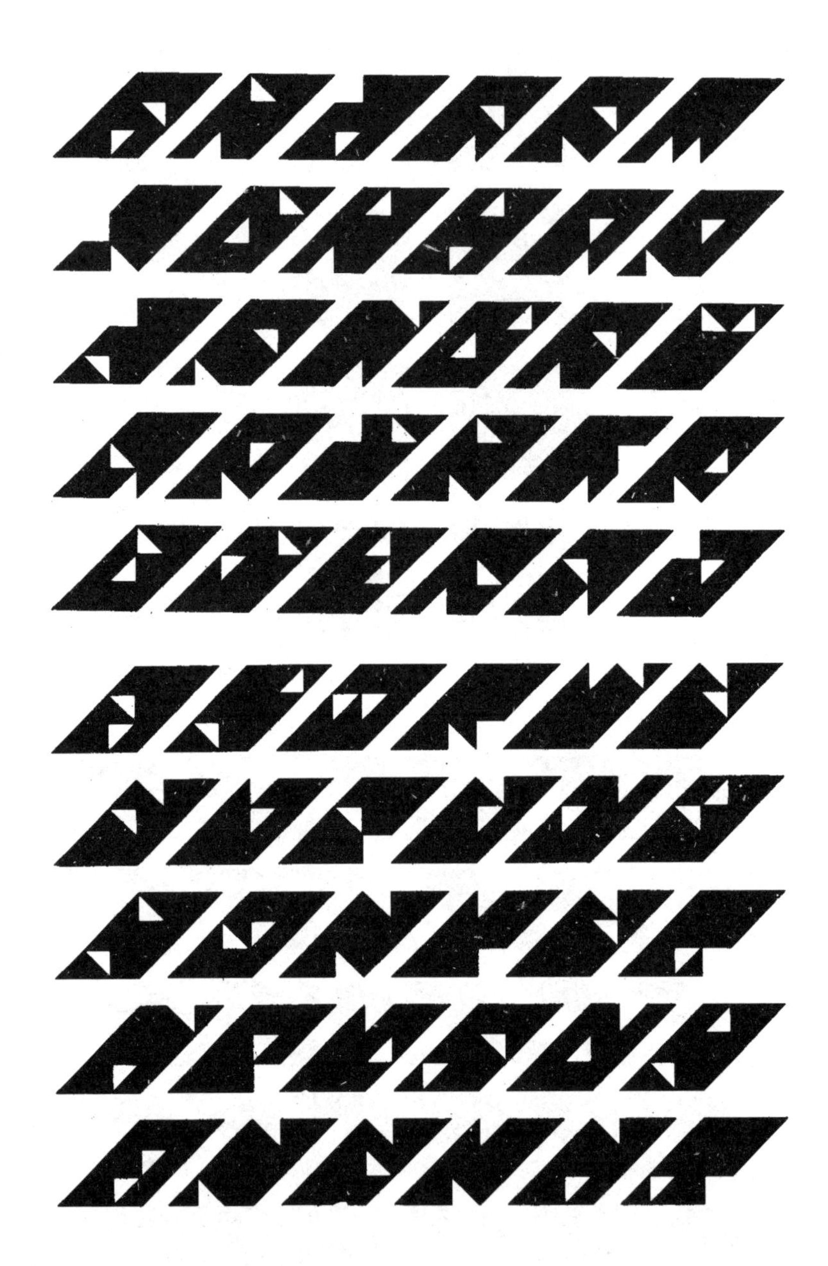

图 3-24 余数为 2，外观为平行四边形七巧图

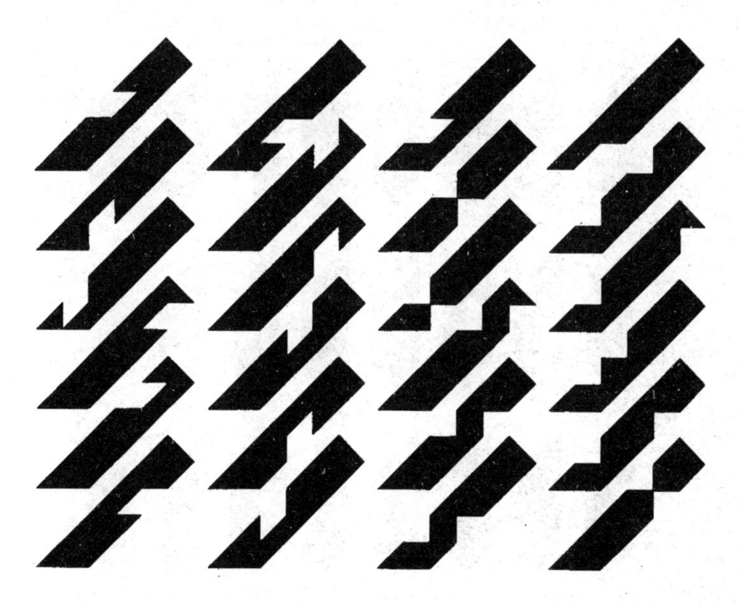

图 3-25 余数为 2，外观为长条四边形七巧图

图 3-26　余数为 2，外观为楔形五边形七巧图

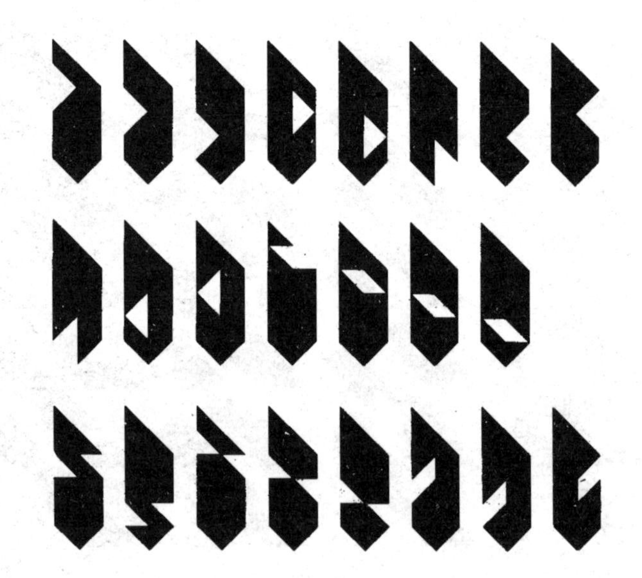

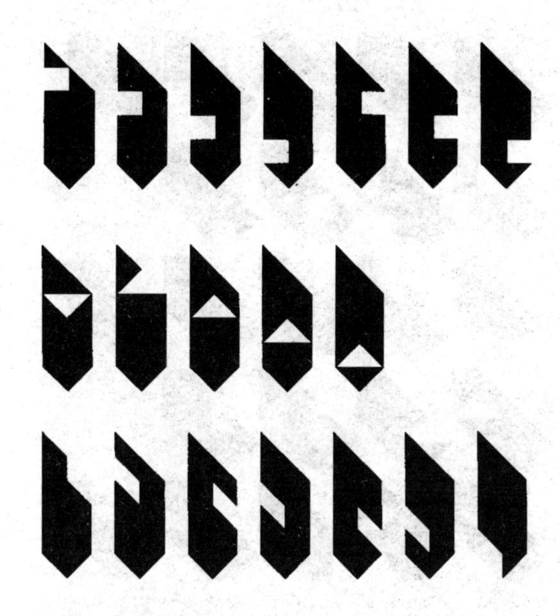

图 3-27 余数为 2，外观为带尖角的楔形五边形七巧图

图 3-28 余数为 2，外观为正立式六边形七巧图

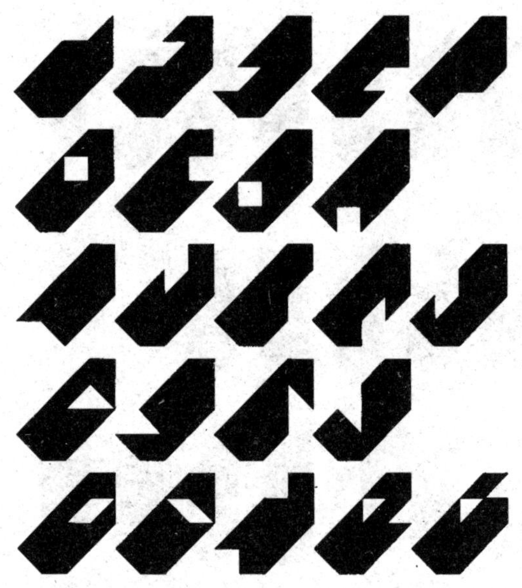

图 3-29　余数为 2，外观为斜置式六边形七巧图

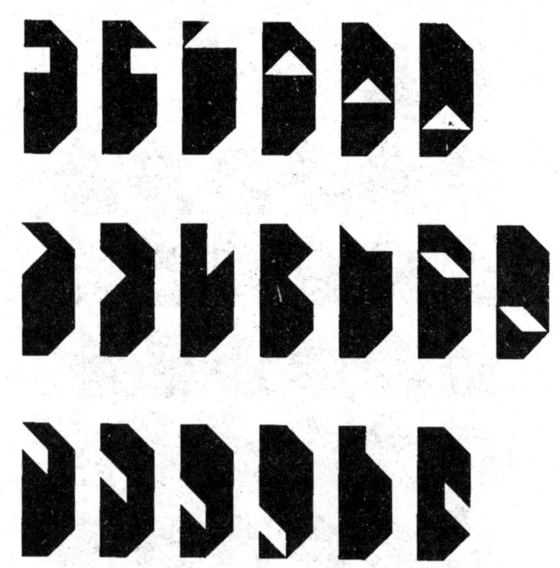

图 3-30　余数为 2，外观为对称六边形七巧图

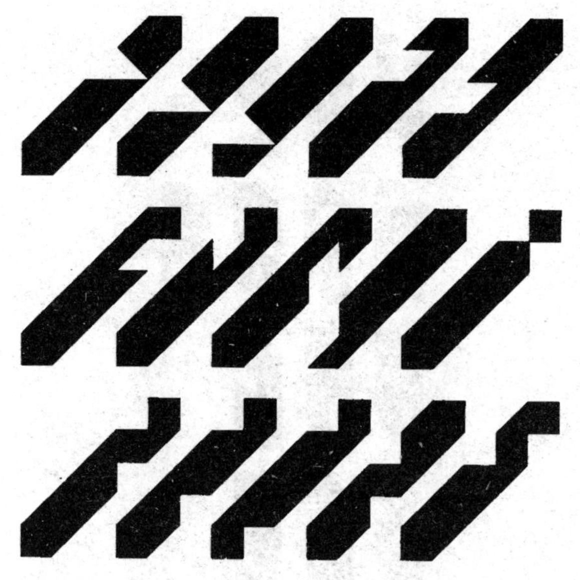

图 3-31 余数为 2，外观为斜置、两端为尖角的长六边形七巧图

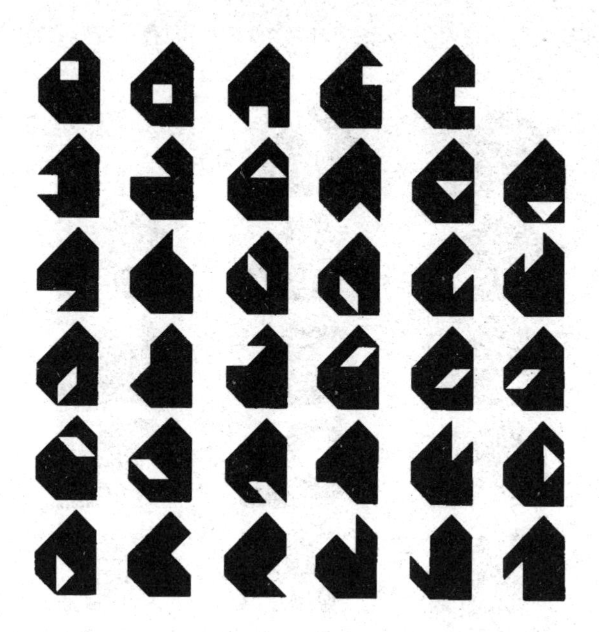

图 3-32 余数为 2，外观为直立、带一个尖角的矮六边形七巧图

图 3-33 余数为 2，外观为缺两个对顶角的直立矩形七巧图

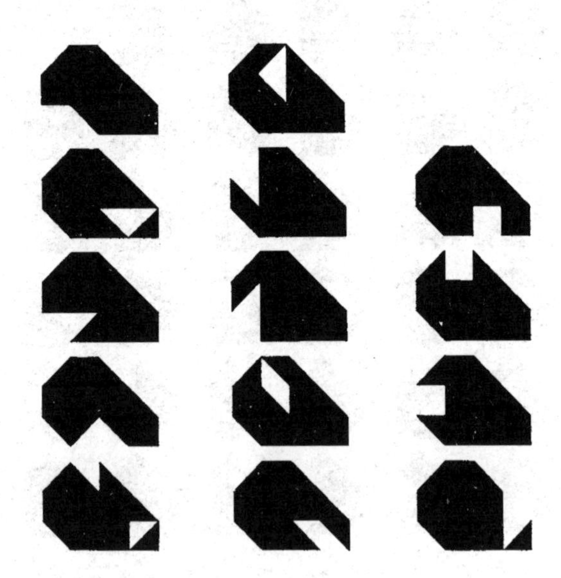

图 3-34 余数为 2，外观为七边形七巧图

余数为 3，4，…的七巧图可以以类似方式获得，它们的数量一个比一个多。但是从图 3-10 可见，在余数大于 2 的情况下，七巧图一般将不出现空洞，而是出现一个乃至多个较大的缺口。

现在我们来讨论七巧图扩展成凸多边形后最大能有多大面积这个问题。对于凸多边形来说，边长越长，它可以围成的面积越大；而我们前面已经证明，正规七巧图的边长最多是 18 个基本边，因此，扩展多边形的边长最多也是 18 个基本边，这样，我们只要讨论有 18 个基本边的凸多边形最大能有多大面积就可以了。为此，我们看图 3-6 中的矩形 $PQRS$，假定其中的内接凸多边形是 18 个基本边组成的，其他假设同以前一样，那么，矩形的周长 2（$x+y$）就同 $a+b+c+d+18$ 一样，即

$$2(x+y)=(a+b+c+d)+18 \tag{3.9}$$

再根据前面已得的面积公式：

$$a^2+b^2+c^2+d^2=2xy-16$$

由几何学知识我们知道，在同样边长的情况下，正方形的面积比任何矩形的面积大，因此，上式中如果 x 和 y 的差别越小，则矩形 $PQRS$ 的面积越大。而对于七巧图来说，如果无理边的数目一定，即 $a+b+c+d$ 一定，那么，如果 a，b，c，d 之间的值相差越小，则 $a^2+b^2+c^2+d^2$ 也越小。因此，如果 $a+b+c+d=18$，$x=y=9$，$a=b=4$，$c=d=5$，那么凸多边形的面积就获得最大值

$$xy-\frac{1}{2}(a^2+b^2+c^2+d^2)$$

$$=9\times 9-\frac{1}{2}(4^2+4^2+5^2+5^2)=40$$

这个最大值相当于 80 个基本三角形的面积和。

在以上推导过程中，我们假设 $a=b=4$，$c=d=5$，也就是说，$a+b+c+d=18$。但这是不可能的，因为这意味着凸多边形的 18 条边都是无理边。由七巧板的组成看，正规七巧图最多只能有 10 条无理边。当然其扩展凸多边形中无理边的条数有可能比 10 条多。但它每增加一条无理边，就会相应减少 2 条有理边，使凸多边形的总边数减少，从而使总面积减小。由此可见，面积最大的凸多边形实际上应由（80－8）＝72 个基本三角形组成，也就是说，余数为（72－16）＝56 的七巧图扩展成的凸多边形将有最大的面积。

由于以上结果是由理论推导而来，真正构成余数为 56 的七巧图实际上是不可能的。荷兰学者埃尔费尔斯给出了如图 3-35 所示的一个七巧图，余数为 40，其扩展凸七边形的面积为 28。笔者在本书第一版中

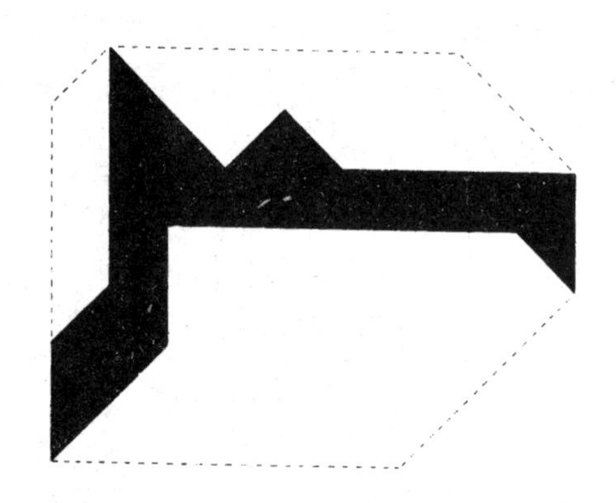

图 3-35　余数为 40 的七巧图及其扩展多边形

表示，希望有读者能打破这个纪录。实际上，暨南大学的王紫微老师在十几年以前就透彻地研究并解决了这个问题。他通过计算机编程，用穷举搜索法证明，可能的七巧图的最大余数为 41，并获得了余数为 41 的七巧图 3 个，如图 3-36 所示。王紫微老师的证明方法和程序框图可见《微电子学与计算机》杂志第 19 卷第 3 期（2002 年 3 月）上的论文《七巧板问题的搜索解法》(文中把余数称为凸性数)。

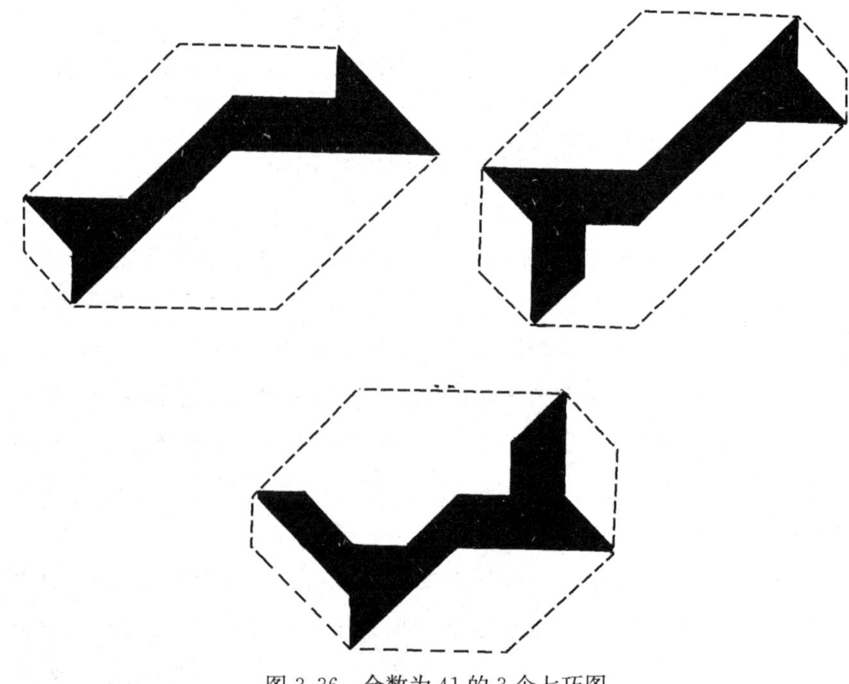

图 3-36　余数为 41 的 3 个七巧图

3.6　孪生七巧图

前面我们说过，常规七巧图的数量是无限的，正规七巧图的数量显然是有限的，但很大很大，至今没有人能说出确切的数量是多少。这一节我们对正规七巧图再附加一个很苛刻的条件，看看这类正规七巧图的数量，这个条件就是，七巧图由完全相同的两部分组成。

由于七巧板由奇数个组块组成，其中中三角形、正方形、平行四边形各只有一块，因此乍一看，拼成由完全相同的两部分组成的七巧图似乎是不可能的。但实际上，我们前面说过，由于七巧板七个组块的面积之间存在着一定的比例关系，而且非基本三角形组块都可以看成是由几个基本三角形组成的，因此可以互相替换与组合，将七巧板分成两组，各拼出一个完全相同的图形来是完全可能的。例如：

（1）两个大三角形为第一组，另外 5 个组块为第二组，这第二组中 5 个组块就可以先拼成两个大三角形，与第一组等同。如图 3-37（a）所示。

（2）将一个大三角形，中三角形，正方形分在第一组，余下 4 个组块分在第二组，这 2 组就都可以先拼成图 3-37（b）右侧的 2 个图形。

（3）将一个大三角形、正方形、平行四边形分在第一组，余下 4 个组块分在第二组，这 2 组就都可以先拼成图 3-37（c）右侧的 2 个图形。

（4）将一个大三角形、两个基本三角形、正方形分在第一组，余下 3 个组块分在第二组，这 2 组就都可以先拼成图 3-37（d）右侧的 2 组各 2 个图形。

由此可见，将七巧板先“一分为二”，然后将 2 组组块组成完全相同的图形，再“合二为一”成为一个七巧图是完全可能的。我们把这样的七巧图叫做“孪生七巧图”，孪生七巧图的一半叫做“半七巧图”。

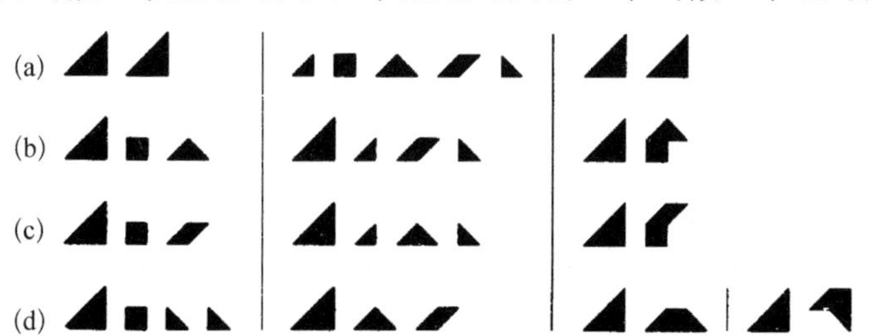

图 3-37　孪生七巧图的生成

显然，半七巧图的数量是很有限的，荷兰学者一共找到 65 个，图 3-38 中我们给出 60 个，你能找出其他 5 个吗？

由于两个半七巧图再拼成一个孪生七巧图有许许多多方法：这两个"双胞胎"可以"头顶着头"，可以"两脚相抵"，可以"肩并肩"，可以"肚皮贴着肚皮"，可以"背靠背"……因此，由 65 个半七巧图可以组成的孪生七巧图数量也就会有千千万万了。图 3-39 中我们给出部分孪生七巧图作为示例。有兴趣的读者可以自行拼出许许多多的有趣的孪生七巧图来。

这里我们还要注意孪生七巧图和对称七巧图的区别。孪生七巧图是由完全相同的两半组成的，所以其中有很多是对称的，但也可能是不对称的。图 3-39 中就有好几个不对称的孪生七巧图。除了孪生七巧图中有许多对称七巧图以外，还有许多对称七巧图并非孪生七巧图，也就是说，它们虽然是对称的，但并不能把它们分成完全相同的两半。在埃尔费尔斯的书中就给出了几百个对称的七巧图图案，但都不是孪生七巧图。作为示例，我们给出若干个如图 3-40 所示，请读者认真体会孪生和对称这两个概念之间的联系和区别。

图 3-38 半七巧图

图 3-39 孪生七巧图示例

图 3-40　对称但非孪生的七巧图

3.7　七巧图中的空洞

前面，我们已经看到过在正规七巧图中出现空洞的现象了。这一节我们一般性地讨论一下在常规七巧图中形成空洞的一些有趣数学问题。

根据七巧板的组成情况，拼出一个内有面积为 4 的一个正方形内部空洞的七巧图，或者内有一个面积为 2 的三角形内部空洞的七巧图，或者内有 2 个三角形、面积一个为 1 一个为 1/2 的内部空洞，而且两者本身也互不接触的七巧图是不困难的，图 3-41（a）、（b）、（c）分别是具有如此空洞的七巧图的示例。适当地交换一些组块而保持这些空洞不变，就可以形成具有同样空洞的不同的七巧图。

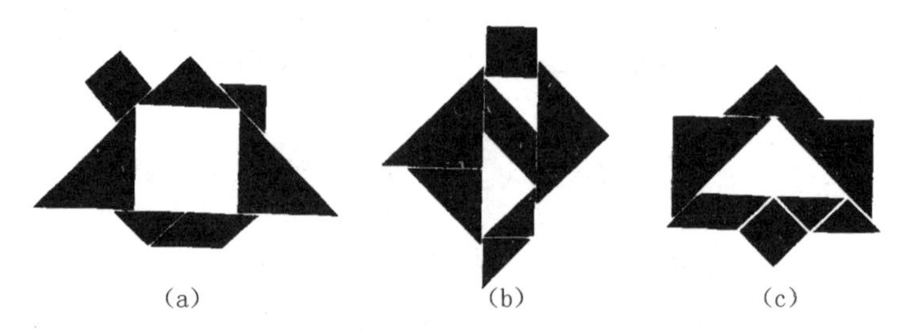

(a)　(b)　(c)

图 3-41　有空洞的七巧图示例

马丁·伽德纳提出了下列问题：能不能拼出具有 3 个空洞的七巧图，这 3 个空洞可以是 2 个三角形加一个正方形，也可以是 2 个矩形加一个三角形；3 个空洞要么都是内部空洞，如果是边缘空洞，则要求它们彼此不能相连。或者能不能拼出有 2 个面积各为 1 的内部空洞、且彼此不相连的七巧图？这些问题难度比较大，不经过深思熟虑和巧妙安排是难以拼出来的。马丁·伽德纳自己给出了一组答案，如图 3-42 所示，确实是相当漂亮的，尤其是左下那一个，顶上那个大三角形刚好把正方形和三角形两个空洞封闭起来。读者是否愿意试试拼出与伽德纳不同、但有同样空洞的七巧图来？至于要拼出有 3 个矩形或 3 个三角形空洞的七巧图，或者有 2 个面积为 1 的三角形空洞的七巧图，显然是不可能的。

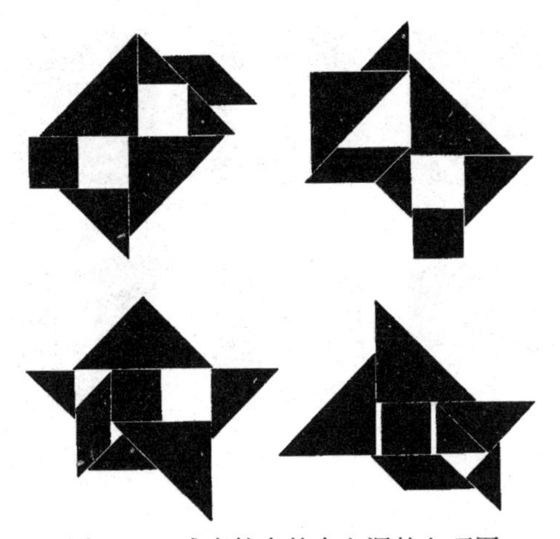

图 3-42　难度较大的有空洞的七巧图

在正规七巧图中，只能拼出有规则形状的空洞来，如三角形、正方形、平行四边形。在常规七巧图中，空洞的形状就可以有各式各样，十分丰富多彩了。图 3-43 中我们给出一些有特异形状的空洞的七巧图作为示例，读者可发挥想象力自行设计出有更巧妙多变的空洞的七巧图来。

有关七巧图空洞的最后两个数学问题是：空洞最多能有多少条边？多大面积？对前一个问题，伽德纳认为答案应该是13，但他没有给出有 13 条边的空洞的七巧图例子。笔者见到的空洞的最大边数是 12，在图 3-43中就有一个。对后一个问题，答案显然是一个不确定的、只能尽量去接近的极限，比如对图 3-41（a）中的正方形空洞，如果把顶上的中三角形尽量往上移，同时把左右两个大三角形尽量往外移，同时让左侧的正方形和右侧的小三角形相应往左上和右上平移，但使它们之间仍然保持接触，使变成六边形的空洞维持为空洞，就可以逐渐趋近于空

图 3-43　有形形色色空洞的七巧图

洞面积的极值，这里是 $4\sqrt{2}+1$。

但这个极值并不是七巧图空洞面积的最大值。深圳的莫海亮同学拼出了如图 3-44（a）的一个七巧图，它和上述伽德纳给出的七巧图一样，有面积为 4 的一个正方形空洞。如果把左侧的大三角形往左平移，上部的中三角形往上平移，同时让左上方的正方形块始终堵住两者间的缺口，则五边形空洞的极值为 $4+\frac{4}{\sqrt{2}}+\frac{1}{2}$。这个值比上述极值 $4\sqrt{2}+1$ 大将近 0.65，也就是说，这个空洞比上述空洞在面积上要大一个基本三角形还多。不知道是否有读者能拼出更大空洞的七巧图？

莫海亮对七巧图空洞的研究还有其他一些有趣结果。我们前面说过，在余数大于 2 的情况下，七巧图一般将不出现空洞，而是出现一个乃至多个缺口。但在巧妙的安排下，余数大于 2 的七巧图仍有可能包含空洞。图 3-44（b）和（c）就是这样两个七巧图，前者的余数为 3，外形为六边形，中间包括一个正方形空洞，一个三角形空洞；后者的余数为 6，外形也是六边形，中间空洞是锥形的。如果不要求七巧图是正规的，而是常规的；也不要求扩充基本三角形以后的图形是凸多边的，那么就可以形成更复杂多变的内部空洞了。图 3-44（d）和（e）就是这样两个例子，前者的余数为 4，外形为六边形，中间空洞一为正方形，一为平行四边形；后者的余数也是 4，外形为八边形（其中一条边很短），中间有 2 个面积是 1 的三角形。

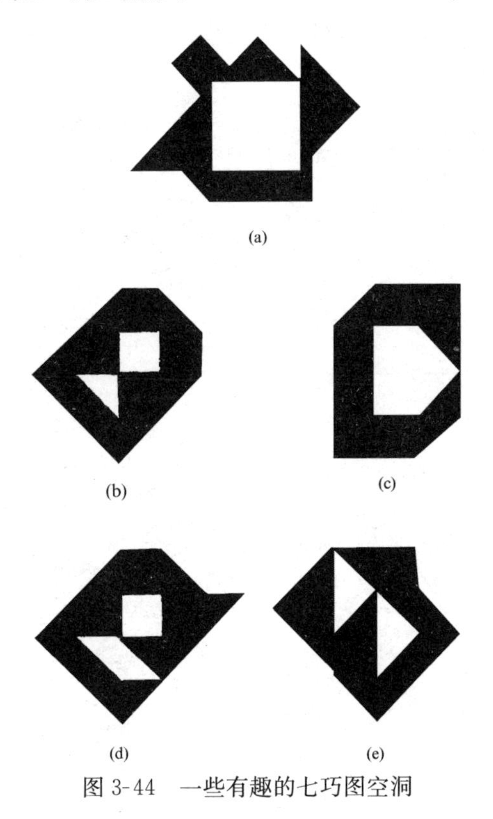

图 3-44　一些有趣的七巧图空洞

3.8　七巧板的几何变换

在 1999 年为向马丁·伽德纳表示敬意而举行的娱乐数学国际研讨会上，伯纳德·魏祖克（Bernard Wiezorke）提出了一个富有创意的想法：对七巧板进行几何变换，使之成为一种新的拼图游戏。他本人对七巧板进行了如下的几何变换：把边长为 1 的七巧板在一个方向上放大为 $\sqrt{3}$，另一方向保持不变，如图 3-45 所示。由于新的七巧板放大了 $\sqrt{3}$，它的组块适配于由等边三角形的边作栅格的格子纸，因此他把这种导出七巧板称之为三角七巧板（trigo-tangram）。显然，由于经过变换，新的导出的七巧板拼出的图形会与原七巧板拼出的图形有不同的性质和特点。变换的复杂程度不同，哪些性质和特点会保留，哪些性质和特点将不再保留，是不同的。就三角七巧板而言，边仍都是直线，组块仍都是凸多边形，边长和面积之比仍维持不变，但是各组块的角度变了，原来一样大小的 2 个大三角形和 2 个小三角形现在变得不一样了。因此三角七巧板能拼出许多原七巧板拼不出来的图形。图 3-46 是用三角七巧板拼出来的部分图案。

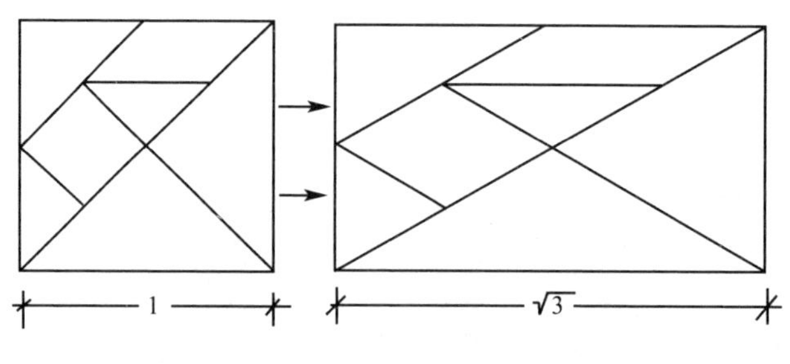

图 3-45　三角七巧板的生成

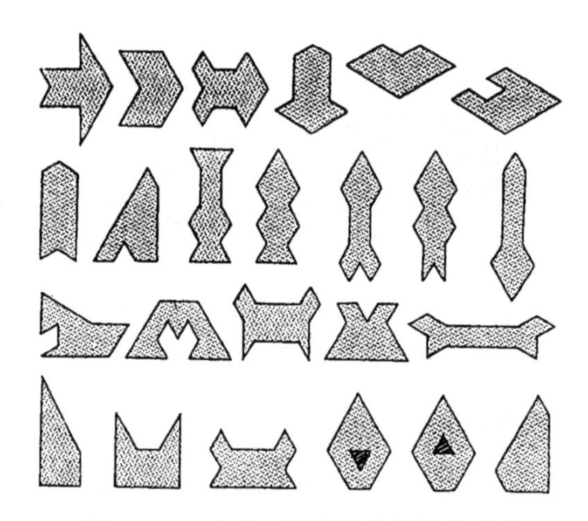

图 3-46　三角七巧板拼出来的图形示例

对于七巧板拼出来的图形，如果用导出七巧板去模仿，也就是保持七巧图中各组块的相对位置不变，用相应导出七巧板的各组块去实现，也会产生一些有趣的结果。图 3-47 给出 2 个例子，图 3-47（a）中左侧是用七巧板拼出的一只鸟，是缩着脖子的，右侧是用三角七巧板实现的，仍然是一只鸟，但是伸长了脖子！图 3-47（b）中左侧是用七巧板拼出的一只猫，右侧是用三角七巧板实现的，已经不是温顺的猫，而是凶猛的黑豹了！

图 3-47 普通七巧板和三角七巧板的不同效果

上面讨论的三角七巧板是对普通七巧板在水平方向进行变换后获得的。如果在垂直方向进行变换将获得不同的三角七巧板。这时，原来的正方形和平行四边形将变成 2 个相同的斜方形，这使导出的七巧板很不平常。如果线性变换沿对角线方向进行，如图 3-48 所示，获得的结果会更好，因为这时 2 大 2 小相同的三角形仍维持为 2 大 2 小相同的三角形。

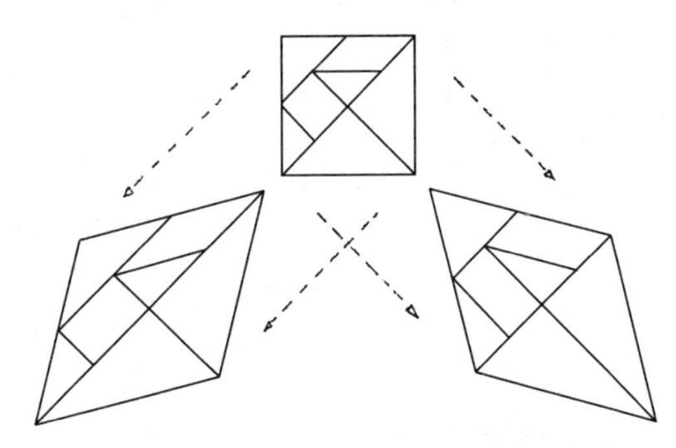

图 3-48 沿对角线方向对七巧板进行变换

对魏祖克的创意感兴趣的读者，可参阅 Elwyn Berlekamp 和 Tom Rodgers 编辑的该学术会议的论文集 *The Mathematician and Pied Puzzler —— A Collection in Tribute To Martin Gardner*（Peters A K，Ltd，1999）。

3.9 七巧板悖论

在数学和逻辑学中出现悖论，是科学家历来十分关注的一个问题，也是一个十分有趣的问题。所谓“悖论”（paradox），简单说来就是这样一种命题，如果说它是真的，那么它是假的；如果说它是假的，那么它又是真的。历史上曾经出现过的一些著名悖论，如“飞矢不动”，“理发师悖论”……都曾引起过科学界的热烈讨论，而这些悖论的解决，也极大地推动了科学，尤其是数学和逻辑学的发展。在七巧板的研究中，人们也发现了有趣的悖论！

让我们看图 3-49，这个图中有 4 组 8 个七巧图，前三组中的 2 个图形外形是完全相同的，但左侧的是实心的，右侧的有边缘缺口或有内部空洞；最下面一组是 2 个人形，外形几乎完全一样，但是左侧那个人有脚，右侧那个人却没有脚！如果我们告诉你，这 8 个七巧图是用同一副七巧板拼出来的，你相信吗？对于没有接触过七巧板，或者刚刚接触七巧板的人来说，恐怕是难以相信的，甚至认为根本不可能的；对于我们的读者来说，这样的悖论大概已经难不住他们了，因为我们前面已经提到过七巧板等积变换的问题了。是的，类似的七巧板悖论都是由等积变换造成的。拿这 2 个人来说，他们虽然外形相似，但七巧板的拼法是不一样的，左侧的人体只用了七巧板中的 6 个组块，留下一个小三角形当脚；右侧的人体已经把 7 个组块全部用掉，因此就没有脚了。所以这 2 个人看起来虽然相似，实际上左侧那个人要瘦一些、矮一些，右侧那个人要胖一些、高一些，但由于差别很小，乍一看会觉得身体是一样的，因而会觉得奇妙和不可思议。其他 3 组七巧图也都有类似情况。

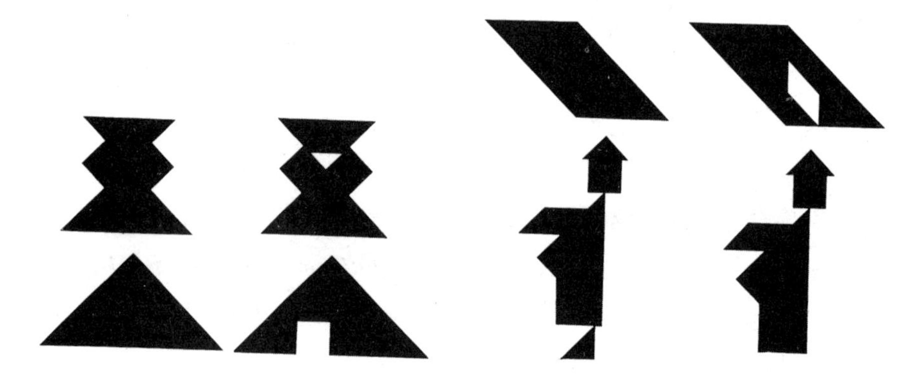

图 3-49　七巧板悖论

本章对七巧板数学的讨论到这里就结束了，大家可以看到，简简单单的一副七巧板中，其实蕴含着许多有趣的数学问题，其中一些问题是经过数学家艰苦的探索才得以解决的，还有不少问题则至今没有解决，有待人们进一步去研究。在计算机日益普及的情况下，有些问题借助于计算机程序有望早日解决，但由于有些问题涉及组合学，即使用计算机恐怕暂时也难以解决。这也正是七巧板引起广泛注意的原因和它的魅力之所在。

作为这一章的结束，我们给出图 3-50。图中包括 12 个图形，请你判断一下，其中哪些图形可以用七巧板拼出来，哪些图形无法用七巧板拼出来。正确地回答出上述问题所需要的时间，可以作为判别一个人的智商高低的标志。

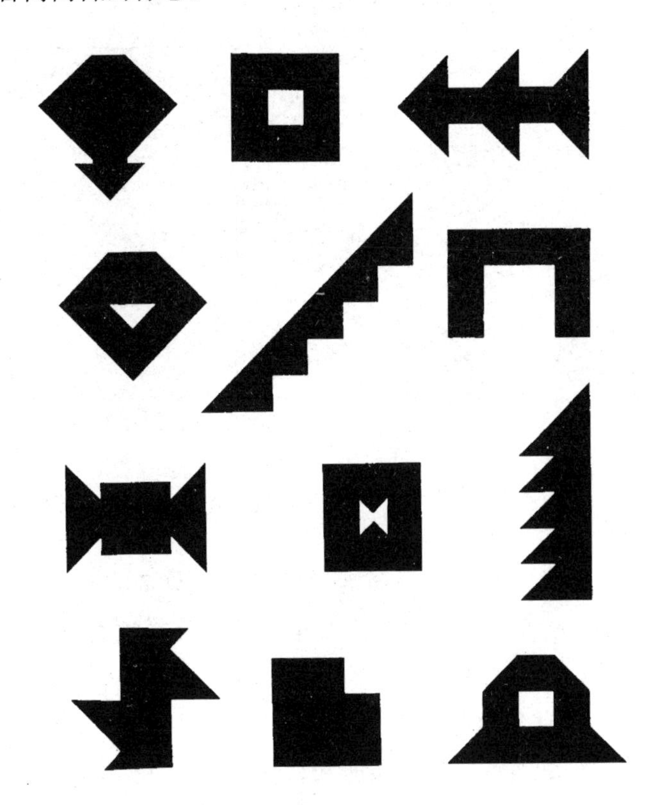

图 3-50 这些图案中哪些可用七巧板拼成？哪些不可以？

3.10 七巧板研究的新进展

作为七巧板的故乡，中国的学者和七巧板爱好者对七巧板的研究从来没有停止，并不断取得新的成果。笔者的“80 后”朋友莫海亮 2014 年在这方面就又取得了 2 项不错的成绩，现介绍如下。

一是在七巧板空洞方面，莫海亮拼出了如图 3-51（a）所示的一个图形，中间有一个六边形的空洞。如果让它上面的正方形、平行四边形和大三角形不动，而把它下面的一圈 4 个三角形尽量往下方平移，最终可形成如图 3-51（b）所示的封闭图形，中间有一个七边形的空洞。这个空洞的面积达到 $1.5+6\sqrt{2}$，比图 3-44（a）中的那个大出不少。如果进一步把上面那个平行四边形往左上方平移到极限，那么其面积又增加 1，变成 $2.5+6\sqrt{2}$，那可能是最大的七巧板空洞了。

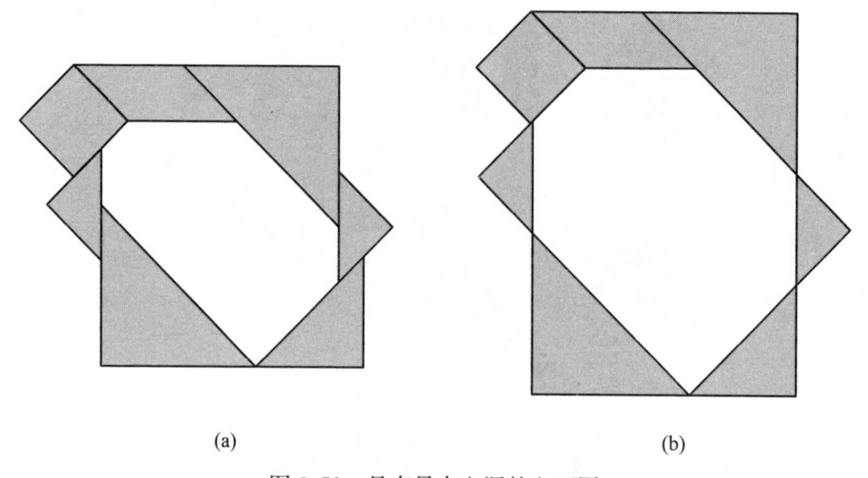

图 3-51　具有最大空洞的七巧图

其次是对暨南大学的王紫微老师的工作（见 3.5 节），莫海亮进行了深入的研究。莫海亮发现，王紫微老师只穷举搜索出了最大余数为 41 的七巧图扩展成的凸多边形 3 个，但没有穷举搜索最大余数为 41 的七巧图，因此他给出的 3 个七巧图只是这样的七巧图的一部分，而不是全部。经过不懈努力，莫海亮终于找到了 14 个这样的七巧图，如图 3-52 所示（包括王老师找出的 3 个）。其中，有 9 个七巧图可扩展形成相同的凸七多边形，有 4 个七巧图可扩展形成相同的凸八多边形，另有一个七巧图可扩展形成的也是凸八多边形，但和前者不同。

至此，笔者认为，由荷兰科学家提出的有关七巧板的这个有趣数学问题，通过王紫微老师和莫海亮的努力，已经得到圆满的解决。

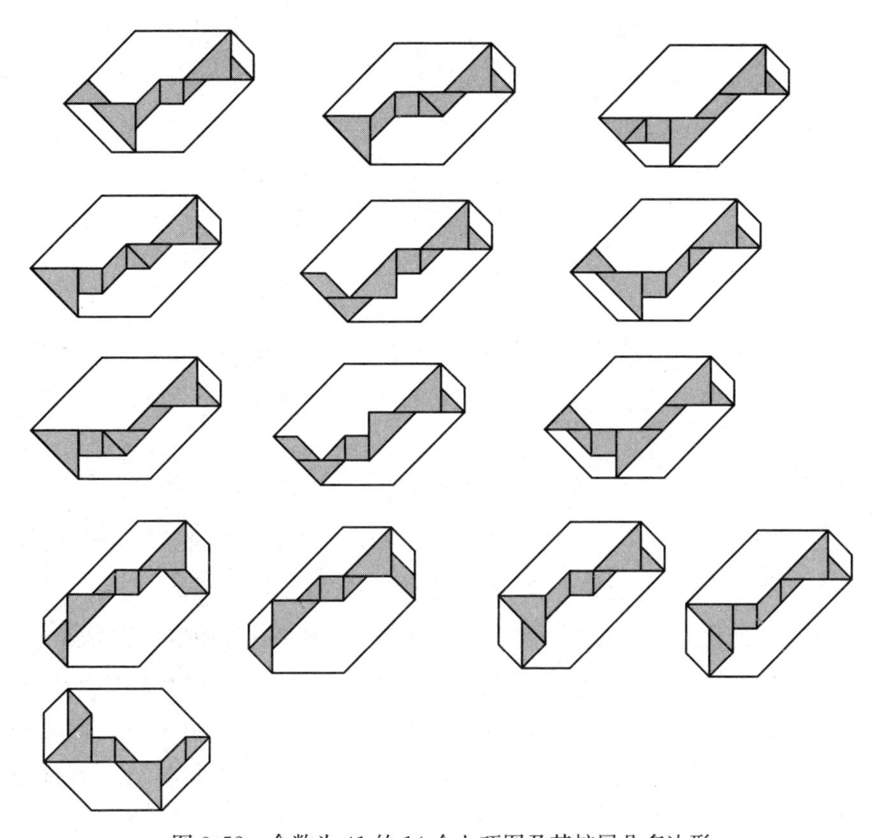

图 3-52 余数为 41 的 14 个七巧图及其扩展凸多边形

04 七巧板游戏

七巧板作为一种玩具，当然主要是用来玩游戏，让人消遣、玩耍的。这一章我们就来介绍一些用七巧板作游戏的玩法。

4.1 单人拼图造型

拼图是七巧板最基本的一个玩法。如果为了锻炼想象力，可以没有任何限制，任由你去摆布，摆成你任意想象中的人、动物、器具……如果为了锻炼智力，可以找一本有七巧板图案，但没有标明拼法的书，自己用七巧板拼出书上的种种图案来。本书就可以用于这一种玩法，因为绝大多数七巧图在正文中都没有标明拼法，拼法是放在书末的。而且在大多数情况下，同一图案有多种不同拼法，你可以找一找与书上不同的拼法，这对于锻炼智力也大有裨益。对于这种玩法我们就不多费笔墨了。

4.2 七巧图变换

七巧图变换是一个可供两人甚至多人进行比赛的游戏。先设计出七巧板图形甲与乙两种，给游戏者每人一副七巧板，先都拼成图形甲，然后要求游戏者经过移动其中的若干组块，把图形甲变成图形乙，移动步数最少者胜。至于一个移动步，可以只移动一个组块，也可以移动互相连接着的 2 个甚至更多个组块，但条件是移动前后它们的相对位置不变，也就是说这几个组块要当作一个整体移动。这个游戏对于锻炼游戏者的机智是非常有好处的。例如，把一个正方形的七巧图变成一个三角形或平行四边形的七巧图；或者把一个三角形七巧图变成一个矩形或平行四边形或等腰梯形的七巧图；或者把一个矩形七巧图变成一个平行四边形或等腰梯形的七巧图，聪明的人都只消一步。你愿意测试一下自己是否有这样的能力和智力吗？

4.3 增减正规七巧图边数游戏

这个游戏可以一个人做，也可以两个人甚至几个人做。先拼成一个正规七巧图如图 3-4 中的小狗，然后移动其中的任一组块到别的位置，要求新的七巧图仍为正规七巧图，但边数比原先的少。在一个人玩这个游戏的情况下，你可以独自一步一步地做下去，直至无法继续为止。在两个人或几个人玩这个游戏的情况下，可以通过猜拳或掷骰子决定谁第一个走，然后依次轮流着走，谁无法走下去谁输。

游戏中每走一步以后，大家可以发挥想象力，看看新的七巧图像什么，这会使游戏增加许多乐趣。也可能你在无意中获得一个非常生动有趣的图案，那就赶快记录下来。

上面的玩法是使七巧图边数递减的。这个游戏也可以反着玩，即从一个边数较少的正规七巧图开始，要求每一步以后新的七巧图边数比原先的多。或者从一个有 10 或 11 条边的正规七巧图开始，两人轮流走，一人使边数增加，另一人使边数减少。在这样玩时，当然应该增添下面这样一条规则：后面一人不能移动前面一人刚才移动过的组块。

这个游戏在一个循环中的步数不会太多，因为我们前面已经说过，正规七巧图的边数最多是 18，最少是 3，因此步数不会超过 15。还有一个问题是游戏中是否允许形成有空洞的七巧图？这可以由游戏双方约定，一般说来以不允许为宜。

4.4 “Sliding Tangram”游戏

著名的荷兰玩具专家波特曼斯（Jack Botermans）在《游乐世界》（*The World of Games*，Facts on File Inc，1989）中，介绍了七巧板的一种新奇玩法，叫“Sliding Tangram”，意为“滑动七巧板”，是七巧板的一种另类玩法，倒也十分别致，很有意思。这种玩法是这样的：在一块稍大一些的木板上画上一幅七巧板分割图，然后把同样大小的一副七巧板中的平行四边形和一个小三角形用胶水粘贴在相应位置上，固定住，在这块木板四周装上框架，七巧板的其余 5 个组块随意放在木板上。游戏要求不触动七巧板组块，仅凭轻轻摇晃和颠簸整个木框让那 5 个不固定的七巧板组块在各自应占据的位置上就位，如图 4-1 所示。这个游戏主要是锻炼耐性和机巧，难度相当大，要完成很不容易。波特曼斯没有说明这个游戏是谁发明的，流行于哪个国家和地区。

图 4-1　滑动七巧板游戏

05 七巧板妙用

七巧板作为一种智力玩具，主要用于消遣、休闲，这是没有问题的。但是有心人会把它当作一种工具，用在其他许多场合，让它发挥许多意想不到的作用。这一章我们就来介绍一些有关的情况，也许会使读者大开眼界。

5.1 七巧板用于演示数学定理

我国古时称直角三角形的两个直角边为勾与股，称斜边为弦。我国最古老的数学典籍《周髀算经》中就有“折矩以为勾广三，股修四，径隅五”，确立了“勾三、股四、弦五”以形成直角的原则，这比西方早了几个世纪。从19世纪起，研究七巧板的专家们就一致认为，七巧板源于中国古时的勾股法。1846年出版的《七巧图集成》中有这样的话：“以七尖方，运勾股法，不觉三才万象，悠然而毕会于心，灿然而具列于目，非天下之至巧，其孰能与于此。”稍后于1861年出版的《七巧八分图》更直截了当地说：“七巧图传世久矣，源出勾股，意蕴精深，端倪层出不穷。”既然七巧板源于勾股，显然可以用七巧板演示勾股定理。

如果你有2副七巧板，可以用来演示勾＝股情况下的勾股定理，方法如下：先将一副七巧板拼成大正方形 $ABCD$，再将另一副同样大小的七巧板拼成两个小正方形 $BIHE$ 和 $CEFG$，并使它们与 $ABCD$ 相接，如图5-1所示。这时 ACG，DBI，BEF 和 GEI 必均为直线，这样，3个正方形之间正好空出一个大三角形 BCE，

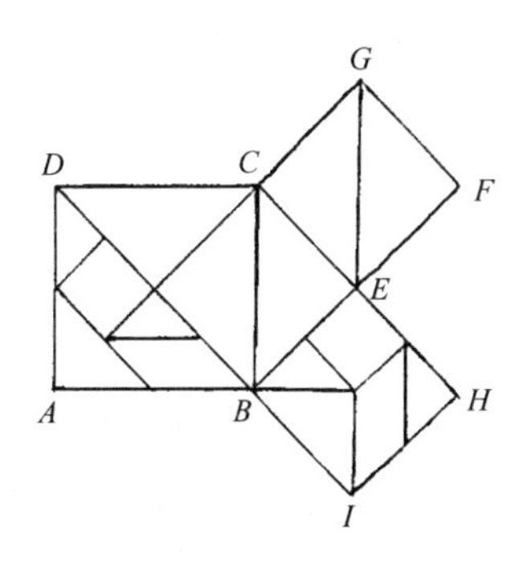

图5-1　用七巧板演示勾股定理

其斜边（弦）就是大正方形的一条边，它的两条直角边（勾和股）分别是两个小正方形的一边。由于两副七巧板面积相等，这就证明了两个直角边的平方和等于斜边的平方，也即勾方＋股方＝弦方。

如果你有 4 副同样大小的七巧板，那么可以用来演示勾和股的长度比为1∶2情况下的勾股定理。读者可自行推敲一下演示方法。

利用七巧板还可以演示或证明一些什么数学定理，这是数学家们在不断探索的问题，也必将有新的发现。

5.2　七巧板用于幼儿教育

七巧板用于幼儿教育，用以提高幼儿的想象力和智力，大概是再好不过的工具了。可惜笔者没有见到我国幼儿教育工作者介绍这方面经验的专著，倒是美国印第安纳州的幼儿教育专家瓦莱里·玛琦（Valerie March）在 1996 年出版了一本介绍她利用七巧板向孩子们讲故事的书（*Story Puzzles*：*Tales in the Tangram Tradition*，Alleyside Pr.）。为了使形象更加生动活泼，玛琦用了一副标准七巧板，再加一副她自己设计的“六巧板”，六巧板将一块 2×3 的矩形底板按图 5-2 分为 6 块，其中 4 块各为完整圆的 1/4，其余 2 块是一头粗、一头细的树根状。

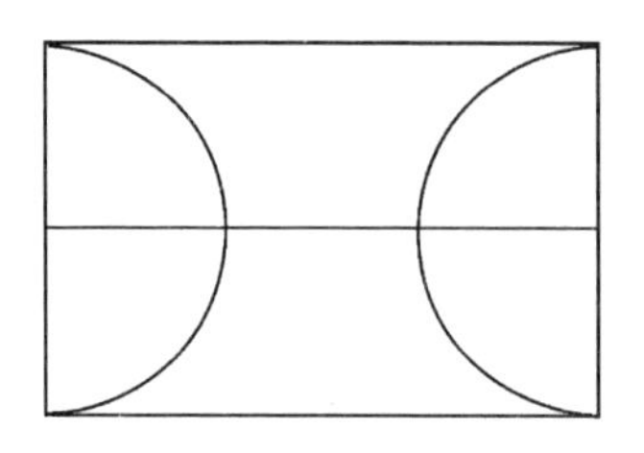

图 5-2　玛琦用的六巧板

玛琦的书中介绍了她在向孩子们讲“城里的老鼠和乡村的老鼠”，“贪婪的国王”，“太阳和月亮为什么挂在天上?”等 12 个民间故事和传说，以及“苹果”，“美丽但有毒的蝴蝶”，“盘尼西林”等 8 个有关科学知识的故事中，是如何利用这副“13 巧板”的。限于篇幅，我们下面只介绍她是如何讲“伤疤脸的传说”这个故事的。

（1）这是源于北美印第安部落的一个古老的传说。很久很久以前，一个黑人家庭中诞生了一个小男孩，生下来时左脸上就有一个胎记（拼出图 5-3）。

图 5-3　伤疤脸

小男孩慢慢长大，成为一个心地善良、乐于助人的人，但因为脸上的胎记，他看上去不漂亮，大家都叫他“伤疤脸”。

（2）伤疤脸的父母相继去世，他和祖母生活在一起，十分艰辛。他大部分时间在树林里和野兽、飞鸟在一起（拼出图 5-4）。他学会了说兽语和鸟语，因此他不觉得孤单。

（3）伤疤脸爱上了农场主的美丽的女儿，会唱歌的拉茵丝（拼出图 5-5）。

图 5-4　一只兔子和两只鸟　　图 5-5　会唱歌的拉茵丝

有一天，他决定向她求婚。她回答说：“我愿意嫁给你，但我不能。”

伤疤脸问道：“为什么？是嫌我穷吗？”

拉茵丝答道：“不，那是因为我曾经向太阳许诺决不结婚。”

伤疤脸问道：“如果太阳同意取消你的许诺，说你可以结婚怎么样呢？那时你愿意嫁给我吗？”

拉茵丝答道：“自然愿意！但太阳怎么会解脱我呢？”

（4）伤疤脸答道：“我相信如果我到太阳那儿去向他求情，他会满足我们的愿望的。但是我不知道怎样找到他。好在我在树林中的朋友会帮我，替我引路。”（拼出图 5-6）

伤疤脸的祖母为他准备了一双鹿皮鞋和一袋牛肉干。

（5）伤疤脸上路找太阳去了（这时把两只鸟改拼成一个太阳，如图 5-7 所示）。

(6) 伤疤脸走啊走啊。一天，他来到一个三岔路口，不知往哪条路去。这时来了一只狐狸（拼出图 5-8），于是他向狐狸问路。狐狸答道："我也不知道太阳在哪里，但我想你应该走那条路。"

图 5-6 两只鸟和一棵树　　图 5-7 把鸟改成太阳

(7) 伤疤脸按狐狸的指点继续前进。一天又走到一个三岔路口，并向遇到的一只熊问路（拼出图 5-9）。熊也说不知道太阳在哪里，但是给伤疤脸指了一条路。

图 5-8 狐狸　　图 5-9 熊

(8) 伤疤脸又走了一天又一天，终于走不下去了，原来天下起了大雪，他根本看不见路。突然有一只猫头鹰从他头上飞过（拼出图 5-10）。他赶快把它叫住："我要找太阳的寓所，但是迷路了。你能帮我吗？"

猫头鹰说："你就跟着我吧。"于是伤疤脸跟着猫头鹰走出了森林，一路来到了海边。伤疤脸谢过猫头鹰让它飞走了，然而，他怎么能跨过

图 5-10 一只猫头鹰从伤疤脸头上飞过

海去呢？他祷告和斋戒了三天三夜。第四天，大海中出现了一条路，他顺着这条路走到了覆盖着树林的一座小岛。

(9) 他进入森林，看见一只绣着美丽花纹的箭袋靠着一棵树的树根（拼出图 5-11）。伤疤脸很喜欢这只箭袋，但他知道这不是属于他的东西，于是走开了，继续往前走。

图 5-11 一只箭袋靠着树的树根

不久，一个陌生人出现了，问他是否见过一只箭袋。伤疤脸告诉他箭袋的位置。陌生人问他要到哪里去。

(10) 伤疤脸回答道："我要找太阳的住所，已经走了不知多少天了。"陌生人听了说："那你就跟我走吧，我是启明星，是太阳的儿子。"伤疤脸跟着启明星见到了太阳和太阳的妻子月亮，告诉他们一路上发生的事情，但是没有把他到来的原因说出来。

(11) 太阳欢迎伤疤脸的到来，让他住下，并说："你可以到处走走，但是不能上北山，那儿有凶猛的鸟会袭击你。启明星知道这多危险。"(拼出图 5-12)

随后几天里，启明星陪着伤疤脸到处游玩。然而有一天，启明星突然溜走不见了。伤疤脸猜着他到哪去了，他自己也立刻往北山进发。

当伤疤脸上北山时，他听见了猛禽的尖叫。当他登到山顶时，他看见启明星正同一群猛禽搏斗，而后者明显占着上风。伤疤脸立刻冲了上去帮助启明星，把这群猛禽打死了（这时把猛禽图形改成图 5-13 中的太阳）。

图 5-12　北山及猛禽　　　　图 5-13　把猛禽改成太阳

（12）他们回到家时已经傍晚，当太阳听说儿子的行为时十分生气，而对伤疤脸的勇敢则十分满意。他说："谢谢你救了我儿子的命。为了表示感谢，我将满足你的一个愿望。你心中的愿望是什么呢?"

伤疤脸这才说："我要同拉茵丝结婚；但她曾许诺你永不出嫁，请你解除她的誓言以便嫁给我。"

"好吧，告诉她我让她嫁给你。"太阳说，"我还要给你两个证明。"说罢，太阳摸摸伤疤脸的脸颊，于是他的胎记立刻消失了，伤疤脸成了一名英俊的青年。他又拿出 2 支乌黑光亮的羽毛让伤疤脸带给拉茵丝。

启明星指给伤疤脸一条回家的路，叫做银河。

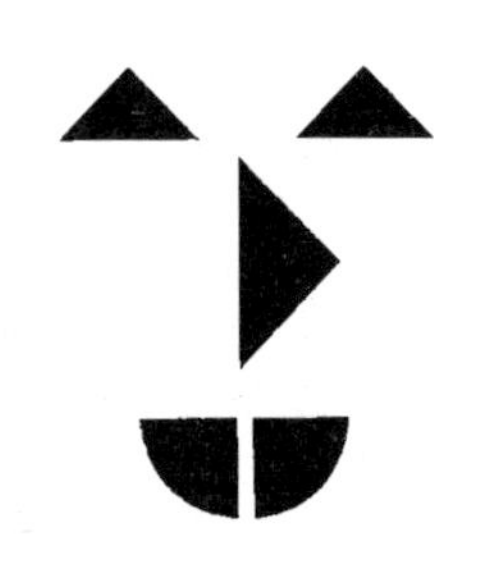

图 5-14　伤疤脸变成了玲珑脸

当伤疤脸回到家时，拉茵丝冲出来迎接他。他告诉她路上遇到的一切，把 2 支羽毛给了她，然后去见他的祖母。

第二天他们举行了婚礼，伤疤脸的名字也改成了"玲珑脸"（拼出图 5-14 没有伤疤的脸）。白天，太阳冲着他们微笑，夜晚月亮冲着他们微笑。

怎么样？看了上面玛琦讲的故事和她用七巧板作辅助，确实感到七巧板在幼儿教育方面可以发挥很好的作用吧！在电脑十分普及的情况下，人们自然想到还可以利用电脑软件帮助孩子们玩七巧板以锻炼智力。这方面的一个例子是澳门大学教育学院的韦辉梁先生（Wai Faileong）所推出的"智能 15 巧板"（Intelligence Tangram15）软件，2000 年时已是 3.1 版。这个软件包括七巧板和 15

巧板两部分，适用于3～12岁的儿童和少年。软件相当完善，其中包括图案库，背景音乐库，可以对孩子拼出的七巧图和15巧图打分。系统在Windows下运行。杭州市青少年活动中心的陈敬等老师也用Logo语言开发了七巧板游戏软件，见他们编写的《Logo语言与七巧板》一书(浙江少年儿童出版社，2002)。他们的七巧板中其实有8个组件，平行四边形有顺、逆时针转的2块。另外有一套新七巧板，包括圆、半圆、梯形、带大于180°角的五边形等，因此可拼出较复杂图案。

5.3　七巧板用于智力测验

作为玩具的七巧板，显然也可以作为智力测验的工具。但是在世界各国中，就笔者所见，只有日本是认真对待这件事的。他们创造了一种专门用于智力测验的“四巧板”，并且制定了评测智力的方法和标准。四巧板是将一块200mm×35mm的狭长条底板分成4块做成的，其尺寸比例和形状如图5-15所示。

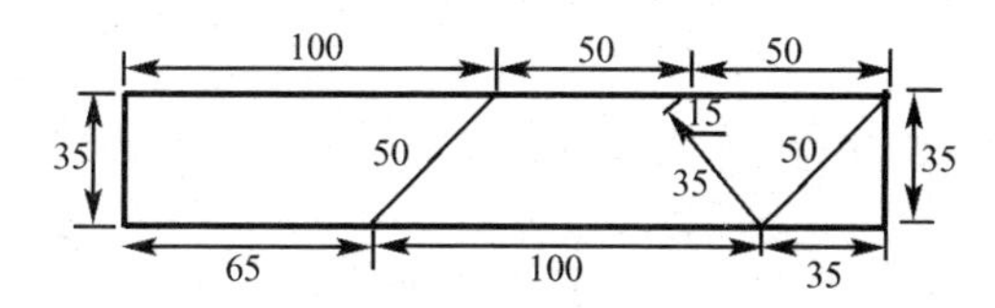

图5-15　四巧板的制作

四巧板虽然只有4个组块，形状也比较简单，其中一块是等腰直角三角形，另2块是梯形，都带2个直角，还有一块是五边形，带一个大于180°的角。我们注意到，三角形的直角边和斜边各和其他3个组块中的一条边长相等。由于有这样一种尺寸间的协调关系，四巧板能拼出相当复杂的图形来，而且根据所拼图形的复杂程度，可以评定一个人的智力高低。日本把人的智力水平分成9档：婴儿水平、幼儿水平、初小水平、高小水平、初中水平、高中水平、专科水平、大学水平和博士水平。用四巧板测试智力时，对最低级的婴儿水平，要求在2～3分钟内将打乱的4块板重新拼成原来的狭长条就算及格。对最高级的博士水平，要求在25分钟内，拼出图5-16中的手风琴图案。对于中间各级，一般要求在20或25分钟内拼出复杂程度不同的4个图形，例如，对幼儿级，要求拼的图形是指路牌、钩子、马和手枪；对初小级，是燕子、直尺、帆船和鸡；对高小级，是箭头、阿拉伯数字 1、小鸟和菱形；对初中级，是鸭子、台阶、高跷和阿拉伯数字 7；对高中级，是铲子、闪电、一个坐着的人和一座房子；对大专级，是桥、剑把、阶梯和狗头；对大本级，是火山口、箭头和英文字母 T；如此等等。感兴趣的读者可参阅余音编著的《100 个智力小游戏》（中国少年儿童出版社，1997。但其中一些图形和四巧板的拼法并不正确）。

图 5-16　你想成为“博士”，就要在 25 分钟内用四巧板拼出这样一个手风琴

由于这种四巧板在日本用于智力测试，所以在日本有一个更加常用的名称，叫“博士板”。据说类似的四巧板我国古时就有了，叫“调和板”，因为它能拼出很协调的图形。西方也有类似四巧板，叫“T 板”，因为用它能拼出字母“T”。

5.4　七巧板用于商业活动

北京的居民如果去过大钟寺蓝景丽家家居广场，或者曾经驱车经过北三环路，那么一定会对它的建筑物正面镶嵌的一个巨大的七巧板印象深刻。这是七巧板用于商业活动的一个典型例子。由于七巧板源于“燕几图”，而燕几图本身就是一组可以灵活组合的家具，因此，精明的家具商人利用七巧板为自己的商品做广告、做宣传，就是一件很自然的事了。

更加精明的上海商人当然不会落在后面。20 世纪 90 年代，上海小绍兴饮食公司联手《新民晚报》，搞了一个“聪明鸡五巧板智力竞赛”，用来为著名的上海三黄鸡作促销宣传。竞赛中使用的五巧板是青年智力玩具家顾伟国发明创造的，其制作如图 5-17 所示，将一块正方形底板分为一个三角形，两个梯形，两个五边形。两个五边形中，一个是凸五边形，另一个带大于 180°的角，但两者均有 2 个直角。由于这一设计，五巧板虽然只有 5 个组块，却能拼出相当生动活泼的图案来，拼出的鸡就很逼真。

竞赛中，聪明的上海人利用五巧板拼出了种种姿势的三黄鸡，如图 5-18 所示。竞赛既为小绍兴饮食总公司很好地作了一次宣传，也为弘扬“七巧板文化”起了很好的促进作用。

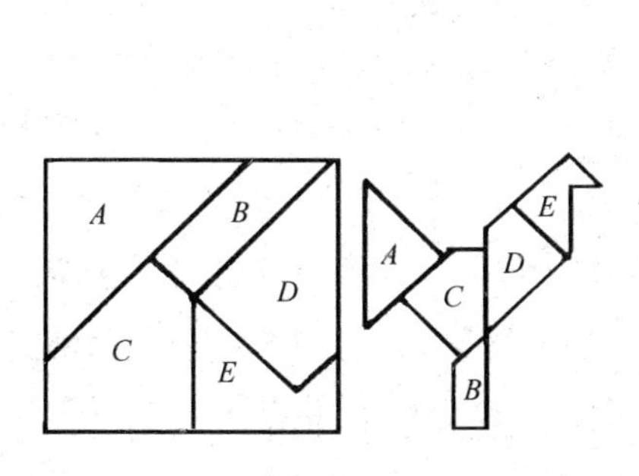

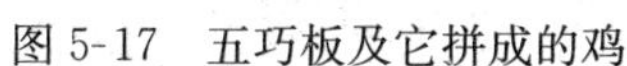
图 5-17　五巧板及它拼成的鸡

图 5-18　用五巧板拼成的各种姿势的三黄鸡

5.5　七巧板用作传递信息的工具

七巧板既然可以拼出各种图形（实际上也可以拼出各种西文字母和汉字），自然就可以用来传递信息了。当然人们只会在非常特殊的情况下才采用这一手段。这方面最著名的一个例子发生在高罗佩的中国公案小说《铁钉案》中。高罗佩原名罗伯特·古里克（Robert V. Gulik，1910～1967），是一个荷兰人，但长期生活在东亚，在中国当过多年外交官，娶了一位中国女子做妻子，对中国文化有着浓厚的兴趣，特别喜爱中国的书法、篆刻、绘画和文学，会写一手好汉字，会画传统的中国画。他阅读了大量的中国公案小说以后，认为中国在刑事侦查、验尸、证据收集、逻辑推理、犯罪心理学等方面的技术和水平，丝毫不亚于西方，甚至远远超出西方，比福尔摩斯有过之而无不及。但由于中国长期闭关自守，因此西方对此一无所知。为此，他在晚年回到祖国以后，在撰写一系列介绍中国文化的专著的同时，以他在中国收集到的各种公案故事为素材，创作了一部《狄仁杰断案传奇》。狄仁杰（公元 607～700）是唐朝人，官居要职，在规劝武则天复立废帝中宗为太子方面起了举足轻重的作用。他的清廉、勤政和善断冤狱也是出名的。2004 年 8 月，中央电视台播出了连续剧《神探狄仁杰》，就是反映狄仁杰侦破几个大案的故事的。高罗佩的《狄仁杰断案传奇》包括迷宫案、铜钟记、黄金案、湖滨案等几十个案件。其中有一个“铁钉案”（原名 The Chinese Nail Murders），讲的是狄公侦破淫妇陈宝珍把丈夫灌醉后，将铁钉从鼻孔穿进他的头颅致死的案件。同时发生的一个案件中（与福尔摩斯探案中一个故事只有一个案子不同，高罗佩的小说中，一个故事都同时交织着 2 或 3 个甚至 3 或 4 个案件，这是高罗佩较之柯南道尔的高明之处），蓝大魁在澡堂中被人毒死。蓝大魁既是一个著名的武师，又是一个拼七巧板的高手，总是随身带着一副七巧板。狄公的助手陶甘曾经让他拼一座鼓楼，他立即拼了出来（图 5-19（a））。陶甘再让他拼一匹奔驰的马，蓝大魁又毫不费劲地拼了出来（图 5-19（b））。陶甘再让他拼一个在公堂上跪着告状的人，蓝大魁又惟妙惟肖地拼成图 5-19（c）那样。接着陶甘让他拼一个喝醉了酒的衙役和一个翩翩起舞的少女，蓝大魁又得心应手的拼了出来（图 5-19（d）和（e））。

蓝大魁在中毒去世以前，为了把凶手告诉世人，用七巧板摆了一个图形，但只摆了 6 块就死去了，另一块还拿在手里。倒地死去时，他又碰歪了已摆好的图形，成了图 5-20 那样。

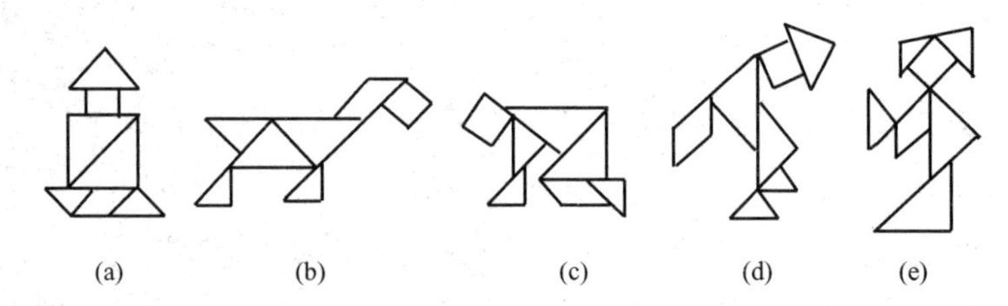

图 5-19　蓝大魁曾经拼出过的七巧图

图 5-20　蓝大魁死前留下的未完成的七巧图

这可给狄公留下了一个难题：蓝大魁想摆出一个什么图形提示凶手是谁呢？狄公反复地摆弄这个图形以求找到答案。偶然地，他摆成了如

图 5-21 所示的一个图案，“这不是一只猫吗？”狄公高兴得跳了起来，因为在与蓝大魁有牵连的人中，有一个叫陆陈氏的妇女，外号就是“猫”。于是狄公信心十足地提审陆陈氏，指证她就是凶手。岂料陆陈氏也是摆弄七巧板的好手，面对狄公当堂摆出的猫形图案，陆陈氏三下两下，就把它变成了一只鸟，如图 5-22 所示，从而使狄公认为是最无可辩驳的证据化为乌有！当然，狄公最后通过别的途径，还是证明了陆陈氏确是凶手。大家看，七巧板在这个案件中起了多么重要的作用！

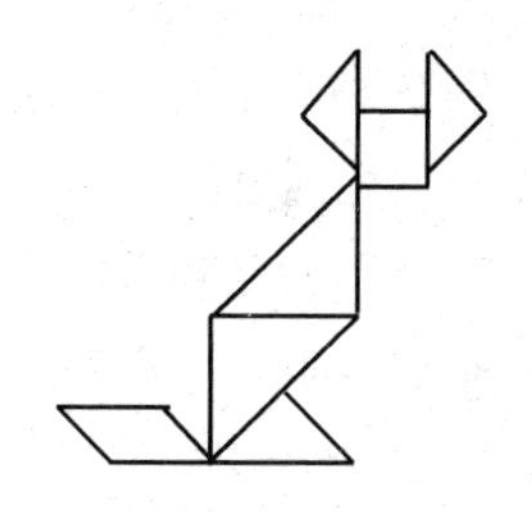

图 5-21　狄公把蓝大魁的七巧图复原成一只猫

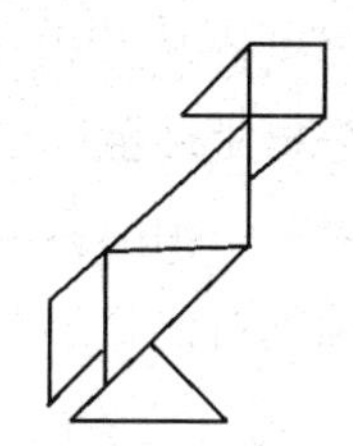

图 5-22　陆陈氏把猫变成了鸟

这里应该指出的是，国内的资料在提到高罗佩的这一创作时，都说成是他“塑造了一个中国哑巴男孩，每当手势不够用的关键时刻，就用拼七巧图来表达自己的意思，终于使一起谋杀案得到侦破”。这是不太确切的。《铁钉案》中确实有一个哑巴男孩，但并非重要角色，更没有在一起重要案件的侦破中发挥过大的作用。他会拼七巧图，是跟蓝大魁学的；也确曾用七巧图提供过线索，那是在该书的又一个案件中，有个廖小姐失踪了。在调查她失踪前与谁接触过时，哑巴男孩作为目击者，通过拼出图5-23（a)那样一个图形，提供了一个壮硕高大的男人与廖小姐失踪有关这样一个信息，但这个男人并非凶手。需要说明的是，以上介绍系根据陈来元和胡明的中译本。在芝加哥大学出版社 1977 年的英文版中，哑巴男孩拼出的七巧图如 5.23（b）所示，头戴兜帽，表明是鞑靼人。但很明显，七巧板尺寸是不标准的，

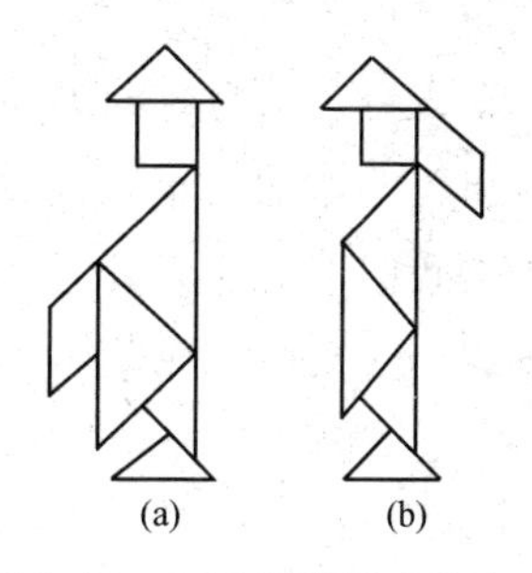

图 5-23　哑巴男孩拼出的人

中文译者可能因此作了修改。

高罗佩的小说已在20世纪80年代引入国内，有多家出版社出版，最早是甘肃人民出版社从1982年起陆续出版了若干单行本，总名《狄公故事集》，内有《铁钉案》一书。后来，长春的北方妇女儿童出版社出版了《狄公探案选》，分上、中、下三册，太原的北岳文艺出版社出版了《狄公断狱大观》，长春的时代文艺出版社出版了《狄仁杰断案全集》。2006年3月，海南出版社和三环出版社联合推出了由陈来元和胡明等译的4卷本《大唐狄公案》，是迄今最完整的高罗佩狄公案版本。台湾地区出版界从新世纪之初开始也重视了高罗佩著作的引进，2001年台北脸谱出版社翻译出版了《玉珠帘奇案》、《黑狐奇案》等。笔者认为，高罗佩把中国的古典文学艺术介绍给西方，其意义和贡献不亚于李约瑟把中国的古代科学与技术介绍给西方，是应该引起重视的。

5.6 七巧板为北京申奥成功出力

2001年7月13日，当国际奥委会在莫斯科会议上表决通过北京承办2008年的第29届奥林匹克运动会时，全国一片欢腾，13亿中国人的多年梦想终于成为现实。这激动人心的一幕想必还深深留在读者的脑海中。为了北京申奥成功，全国的工农兵学商，从最高领导人到普通民众，从老人到儿童，都做了大量工作，尽了最大努力。你知道吗？这其中七巧板也有一份功劳呢！这是怎么一回事呢？原来，在北京申奥的关键时刻，2000年9月9日，发明了七巧板的一种变形——16巧板的秦立新先生，给当时的国际奥委会主席萨马兰奇先生写了一封信，表达他对申奥的迫切心情，而这封信的全部内容，是他用16巧板拼出来的！当然我们不可能说秦立新先生的这封信是北京申奥成功的关键因素，但是它为北京申奥出了一份力，是毫无疑问与实实在在的。

06 外国七巧板

目前，世界上公认七巧板是中国人发明的，流行于世界各国的种种拼图游戏都源于中国的七巧板。但应该承认，七巧板在流传到海外以后，其他民族对七巧板加以发展，改造，也有许多创新，使拼图游戏更加丰富多彩，为人类共同的文化宝库增添了财富。这一章我们就来介绍一些国外的七巧板。

6.1 阿基米德的“小盒子”

西方文献记载的最古老的拼图游戏叫“阿基米德的小盒子”（the loculus of Archimedes，这个名称类似于著名的“潘多拉盒子”）。

阿基米德是公元前 3 世纪希腊最著名的数学家和发明家，他发明的这个拼图游戏又叫做 stomachion，意思是“令人发疯的游戏”。最初被认为是由 1 个 1∶2 的矩形底板被分成 2 个正方形再分割成 14 块而形成的，如图 6-1（a）所示。后来，1906 年在耶路撒冷的圣沙巴（Saint Sabba）修道院发现了一些写在羊皮纸上的 10 世纪的文稿，才弄清楚它应该是由一块正方形底板先分成 2 个 1∶2 的矩形再分割成 14 块而形成的，如图 6-1（b）所示。这副十四巧板的巧妙之处在于它的 14 个组件的面积全是整数比的，设 2 个最小三角形的面积为 1，则有面积为 2 的三角形 4 块，面积为 3 的三角形 1 块，面积为 4 的三角形 4 块，面积为 4 的四边形 1 块，面积为 7 的五边形 1 块，面积为 8 的四边形 1 块，你能证明它们吗？

由于阿基米德的小盒子由 14 个组块组成，其中既有锐角三角形，钝角三角形，也有直角三角形，还有不规则的 2 块四边形和 1 块五边形，因此可以称之为“超级七巧板”，能够拼出许多复杂的图案来。图 6-2是用它拼出的一些图案。给你一副这样的“超级七巧板”，让你把它们拼出来，对于没有耐心的人，真会叫你发疯呢！

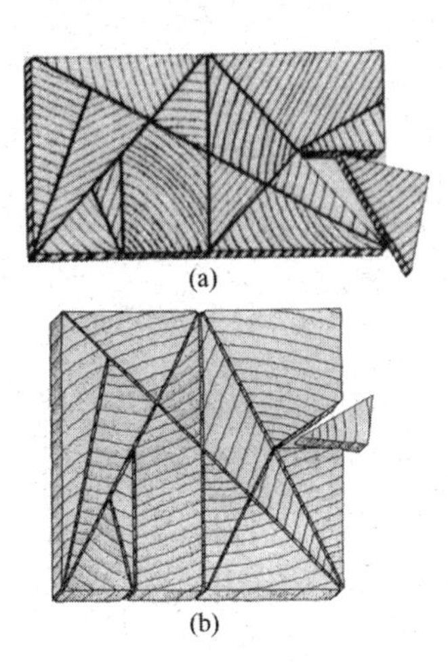

图 6-1　阿基米德的十四巧板

图 6-2　用阿基米德的超级七巧板拼成的图案示例

6.2　日本的七巧板

日本同我国是“一衣带水”的邻国，在文化上有很深的渊源，因此中国七巧板最早传入日本是自然的事。《七巧图合璧》的日文版早在1839年就出版了，就是一个明证。

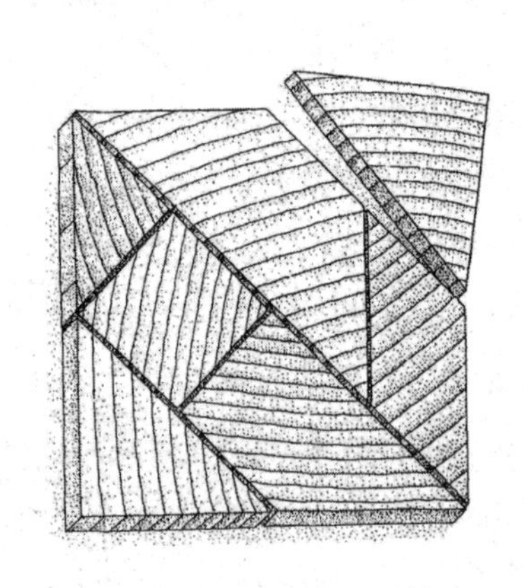
图 6-3　日本七巧板

但也有日本学者认为，在中国七巧板传入日本以前，日本就有了自己的七巧板。在1999年为了向马丁·伽德纳致敬而举行的一次娱乐数学研讨会上，日本学者 Shigeo Takagi 提交的一篇论文中，认为10世纪末、11世纪初的一个名叫 Sei Shonagon 的宫廷妇女就发明了七巧板，其构成如图 6-3 所示，有一个小三角形，两个大三角形，一个正方形，一个平行四边形，一个梯形，一个有2个直角、1个锐角和1个钝角的四边形。1742年，出版了介绍这种七巧板的小书，尺寸为16cm×11cm，共32页，包括42个七巧图，图6-4中是用日本七巧板拼成的一些图案。

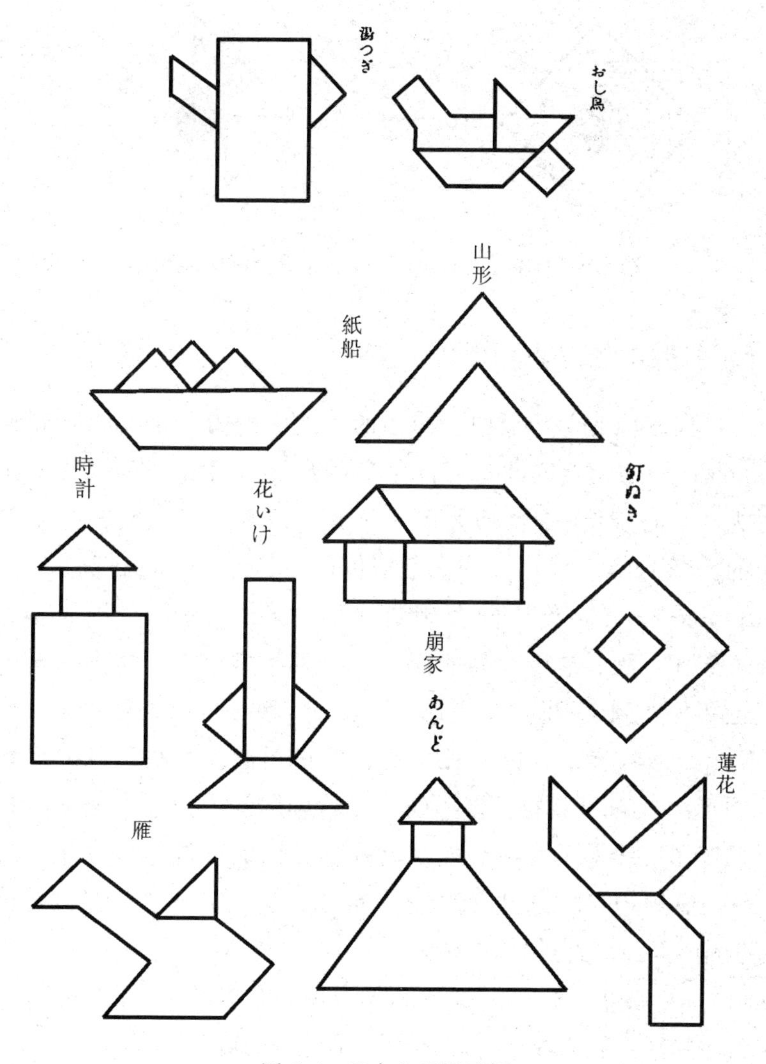

图 6-4　日本七巧图示例

马丁·伽德纳在研究了日本七巧板以后，指出了它与中国七巧板的 2 个显著不同：

(1) 中国七巧板只有一种拼法能拼成一个正方形，而日本七巧板却有 2 种不同拼法拼成正方形，这从日本七巧板的分割方法中可以很明白地看出来。

(2) 中国七巧板不能拼出在中心有一个与边缘平行的正方形空洞的正方形，而日本七巧板却可以拼出来，如图 6-5 所示。

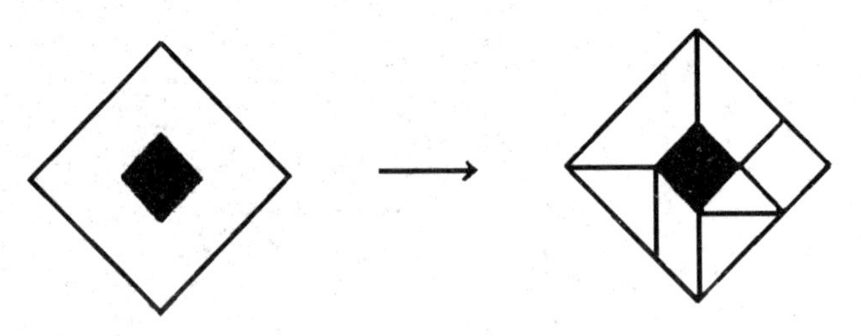

图 6-5　日本七巧板可以拼出有中央空洞的正方形

6.3　德国的“多巧板”

在世界各国的七巧板中，德国的工业家阿道尔夫·李希特博士（Adolph Richter）发明的七巧板是品种最多、最复杂的，我们姑且称之为“多巧板”。李希特办了一个儿童玩具工厂，最初是生产积木块的。1891 年开始生产中国七巧板，起名为“伤脑筋玩具”（der kopfzerbrecher），在英语国家销售时叫“The Anchor Puzzle”，Anchor（船锚）是李希特产品的商标。之后，李希特不断推出自己设计的七巧板，到 19 世纪末，他的多巧板品种达到 36 种之多，如图 6-6 所示，形状有正方的、长方的、三角形的、六角形的、八角形的、圆形的、椭圆形的、蛋形的、……可谓蔚为大观。李希特把他的产品起了一个总的名称，叫“锚牌耐心训练玩具”（anker geduld-spiele）。他的 36 种多巧板都有一个或庄或谐的名称，笔者试着把它们译为中文，未见得精确、传神。

(1)“全新九巧板”（alle neüne）。由一个矩形底板切割成 9 块而成，其中包括 7 个三角形，2 个梯形，有很好的对称性。

(2)“避雷针”（blitzableiter）。这是个七巧板，由于从切割图上看，似乎是屋顶上装了个避雷针而得名，它包括 2 个三角形，1 个菱形，1 个平行四边形，1 个四边形和 2 个全同的五边形。

(3)“哥伦布的鸡蛋”（ei des Columbus）。这是个蛋形的九巧板。名称显然来源于关于哥伦布的一个故事：在一次集会上，有人对哥伦布发现新大陆表示不屑，认为这没有什么了不起的，谁都能做到。哥伦布于是拿出一个鸡蛋，问谁能让它直立在桌上？谁也做不到这一点，哥伦布拿过鸡蛋，在桌子上轻轻把它的一端蛋壳敲碎一

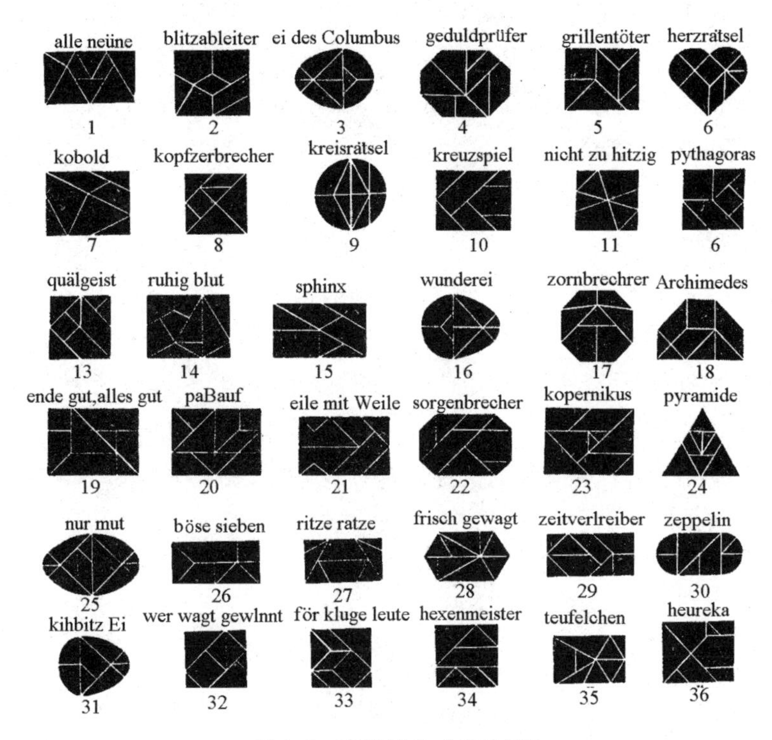

图 6-6 李希特的“多巧板”

些，轻易地把它直立在桌子上。有人说，这没有什么了不起，我要这样做也能把它直立起来。哥伦布反问道：那你刚才为什么没有想到这个办法呢？

(4)“耐心考验板”（geduldprüfer)。这是由八边形底板切割成的八巧板，由 2 个三角形，4 个梯形，1 个楔形四边形和 1 个五边形组成。

(5)“烦恼一扫光”（grillentöter)。这是个七巧板，由 4 个三角形，一个正方形和 2 个菱形组成。

(6)“心形闷葫芦”（herzrätsel)。由心形底板做成的九巧板，其中 5 块有弧形的边，其余的 4 块分别是三角形、平行四边形、菱形和梯形。

(7)“淘气包”（kobold)。这是个七巧板，由 3 个相同的直角三角形和 4 个四边形组成。

(8)“伤脑筋”（kopfzerbrecher)。标准的中国七巧板。

(9)“圆形闷葫芦”(kreisrätsel)。由圆形底板做成的十巧板，包括4个三角形和6个带弧形边的组块，每种形状都是一式两份。

(10)“十字交叉七巧板”(kreuzspiel)。由2个三角形，4个梯形和1个楔形四边形组成。

(11)“性急不得”(nicht zu hitzig)。是一副八巧板，由6个三角形和2个四边形组成。

(12)“毕达哥拉斯七巧板”(Pythagoras)。这副七巧板的切割方法显然也源于勾股法，因此称为毕达哥拉斯七巧板。它由4个三角形，2个正方形和一个平行四边形组成。

(13)“惹人厌”(quälgeist)。八巧板，其分法和日本七巧板很相似，只改变了后者一条线的位置，使梯形变成了平行四边形，并多出了一个小三角形。

(14)“平心静气”(ruhig blut)。十巧板，由6个三角形，4个四边形组成。

(15)“司芬克斯之谜”(Sphinx)。由矩形底板分割成的七巧板，由4个三角形，一个矩形和2个四边形组成。这个名称源于人所共知的埃及金字塔前的狮身人面像和它的难题：“早晨4条腿，白天两条腿，晚上三条腿”，问这是什么动物?

(16)“神奇蛋”(wunderei)。这个蛋形九巧板除了稍微胖一些外，外形尺寸和分割方法几乎和“哥伦布的鸡蛋”一模一样。

(17)“消愁解闷”(zornbrecher)。由正八边形底板做成的七巧板，由3个三角形，2个梯形，2个五边形组成。

(18)“阿基米德八巧板”(Archimedes)。除了1个正方形和1个平行四边形以外，其余2对三角形和1对梯形都是全同的。

(19)“结局好，一切都好”(ende gut，alles gut)。八巧板，组成中包括1个大三角形，1个正方形，其余大小2对梯形和1对三角形也是完全对称的。

(20)“留神关口”(paBauf)。十巧板。由5个三角形，1个正方形，1个平行四边形和3个梯形组成。

(21)“欲速则不达”(eile mit weile)。十巧板。由4个三角形，4个梯形，2个四边形组成。

(22)“莫愁”(sorgenbrecher)。由八角形底板做成的八巧板。包括4个三角形，2个平行四边形，1个梯形，1个五边形。

(23)“哥白尼的宇宙”(Kopernikus)。哥白尼(1473～1543)是波兰天文学家，因创太阳系学说，推翻了地心论而闻名。这副九巧板以他命名以纪念这位伟人。

(24)“金字塔”(pyramide)。将三角形底板分成6个三角形和2个梯形组成。

(25)“只为好心情”(nur mut)。这也是蛋形板，但是十二巧板。除了内接正方形分为3个三角形和1个平行四边形以外，其余8个组块都有弧形边。

(26)“逢凶化吉”(böse sieben)。七巧板的又一种变形。由4个三角形，1个正方形，2个梯形组成。

(27)“巧填窟窿”(ritze ratze)。矩形底板做成的八巧板，3对三角形和1对梯形是完全对称的。

(28)“敢于创新”(frisch gewagt)。由六角形底板做成的九巧板，组块全部是三角形，这是与其他所有七巧板不同的。也许这是它的名称的来历。

(29)“消磨时光”(zeitvertreiber)。八巧板，由4个三角形，1个正方形，2个梯形和1个五边形组成。

(30)“齐伯林飞船”(Zeppelin)。由于底板像德国齐伯林发明的飞船而得名。八巧板，除了中间2个三角形，一个梯形外，其他5块均有弧形边。

(31)“公鸡下蛋”(kikbitzEi)。这是第四个蛋形，八巧板，它比前几个蛋形板都要小。除了1个三角形和1个梯形外，其他组块均有1个弧形边和2条直线边。

(32)“敢为人先者胜”(wer wagt gewinnt)。这又是个八巧板，包括6个三角形，1个正方形和1个四边形。

(33)“只为智者”(für kluge leute)。这也是个八巧板，但只有4个三角形，余者除1个正方形外，都是平行四边形。

(34)“魔术大师”(hexenmeister)。也是个八巧板，由6个三角形，1个平行四边形和1个梯形组成。

（35）“小妖精”（teufelchen）。九巧板，除了一个等腰梯形外，其余组块都是三角形。

（36）“我知道了”（heureka）。八巧板。有3个三角形，3个梯形，1个四边形和1个五边形。相传阿基米德一次在澡堂洗澡时，突然灵感涌现，悟出了浮力定律，兴奋地光着身子跑出澡堂并大呼“heureka”即“我知道了”。八巧板以此命名，反映游戏者在拼出一个图形时的激动心情。

李希特的这36个多巧板中，8，12，13，32，33，34这6个都同中国七巧板一样，是用正方形底板按对角线和坐标线切割；5，10，19，20，21，23，26，29这8个同上一组类似，只是底板不是正方形而是矩形。上述两组14个多巧板组件的角度都是45°，90°，135°的，而1，2，14，15，24，27，28，35这8副多巧板组件的角度是30°，60°，90°，11号和17号这2副多巧板看似简单，实际上它们的组件具有不一般的、复杂的角度。

由于李希特雇了4个艺术家设计这些多巧板，他们每设计出一种新的多巧板，就要同原有多巧板中拼排图形效果最好的那个进行比较，并常常以啤酒来赌输赢，因此这些多巧板确实个个各具特色，能拼出许多妙趣横生的图形来。此外，由于李希特的多巧板是采用一种特殊的黏土作材料，采用特殊的工艺制作的，非常光滑和经久耐用。但由于需要制模具，为了节省时间和成本，这些多巧板在设计时考虑到组块可以互相代用，因此，这36种多巧板总共需要的组块不到80，如图6-7所示，这也不能不使人叹服于李希特他们的机巧。

李希特的这36种多巧板除了可以单独使用外，还可以组合使用。组合有2种方式，一种是若干副不同的多巧板组合在一起，例如，李希特推出的系列Ⅰ中就包含4副不同形状的多巧板，如图6-8所示。

组合的第二种方式是从若干不同的多巧板中各取若干组块，李希特推出的系列Ⅱ就采取这种组合方式。由于系列Ⅱ可以拼出一个正在用烟斗抽烟的男人头像，因此系列Ⅱ有个名称，就叫“抽烟斗者”，如图6-9所示。

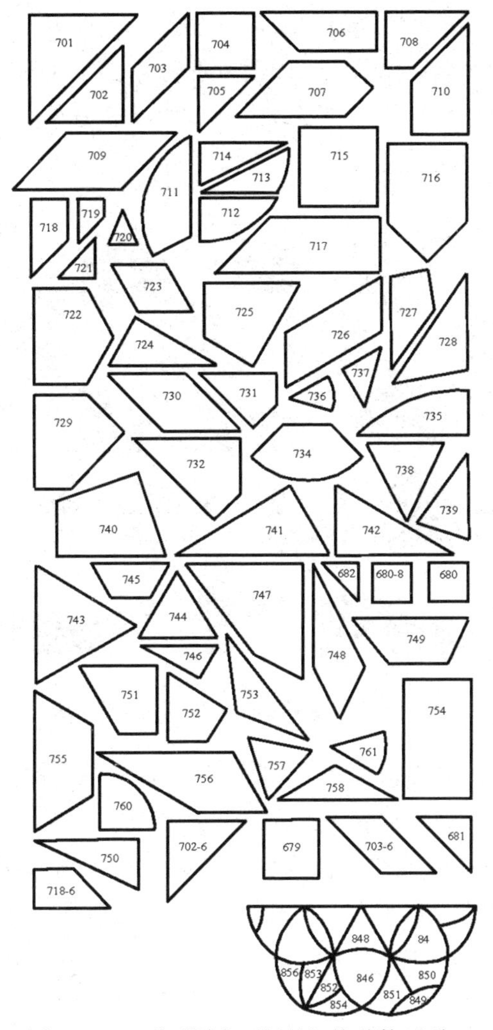

图 6-7 36 副不同多巧板的组块总数不到 80

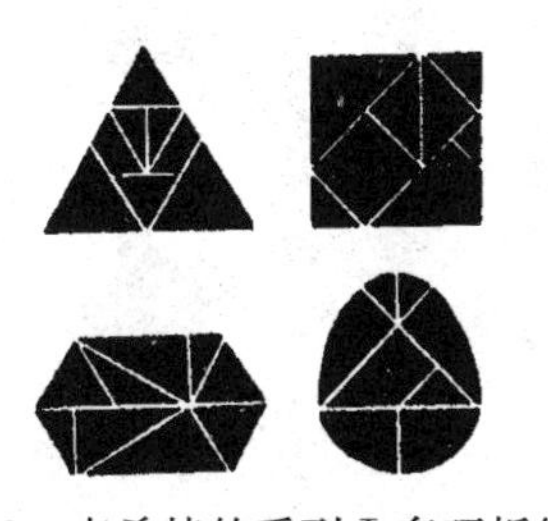

图 6-8 李希特的系列Ⅰ多巧板组合

图 6-9 李希特的系列Ⅱ——抽烟斗者

下面我们举一些用李希特的多巧板拼出的图形例子。首先是用“哥伦布的鸡蛋”这副蛋形九巧板拼出的一些图形，如图 6-10 所示，显然，由于它有 6 个组块具有弧形边，因此特别适合于拼出鸟、鱼、鸡这类图形。用这副九巧板拼出的不同姿势的鸟的数量的最高纪录是 106，你愿意试试打破这个纪录吗？

图 6-10 “哥伦布的鸡蛋”拼出的图形

其次是用“司芬克斯之谜”七巧板拼出的一些图形，见图 6-11。这副七巧板用狮身人面像命名，寓意是很明显的。它发明于 1899 年。其专利转让给一家英国公司后被改名为“蝴蝶”（butterfly puzzle）。据说，在第一次世界大战期间，不管是同盟国的军队，还是协约国的军队，都很喜欢这个游戏，在战场两边战壕里对峙的军人们玩的是同一个游戏！

图 6-11 “司芬克斯之谜”拼出的图形

再其次是用“消愁解闷”七巧板拼成的图形，见图 6-12。这副由八边形底板做成的七巧板，发明于 1892 年 6 月。除了一块正三角形外，钝角三角形、四边形、五边形各有相同的 2 块，具有十分明显的对称性，因此最适宜于拼出具有对称性的图案，当然也可以拼出不对称的图案，这可从图 6-12 看出来，其中有 22 个对称图案，也有 3 个不对称图案。

图 6-12 “消愁解闷”七巧板拼成的图形

最后我们看一下用“圆形闷葫芦”这副十巧板拼出的一些图案，见图 6-13。这种十巧板是 1891 年推出的，曾经大受欢迎。这里给出的图案与前面的都不同，是经过装饰、加工，画上“脸谱”的。这一方面是为了增加美感和乐趣，另一方面也起些“障眼法”的作用，增加你用十巧板拼出这些图形来的难度。

图 6-13 “圆形闷葫芦”拼成的图形

李希特的工厂直到1964年才由于物美价廉的塑料玩具工厂的兴起而倒闭，它在推广和发展多巧板上所做出的历史性贡献则是不应该被忘记的。

6.4 萨姆·洛伊德和杜德尼对七巧板的贡献

在介绍外国七巧板的章节中，如果忽略了美国19世纪的魔术和科幻大师萨姆·洛伊德（Sam Loyd）和英国的娱乐数学先驱杜德尼（Henry E. Dudeney，1847～1930）把中国的七巧板介绍给西方，从而使七巧板在西方流传，以及他们在七巧板研究方面的杰出贡献，那将是一个很大的缺憾。因此我们这一节就来简要叙述有关问题。

中国七巧板是什么时候首先带到欧美去的，已无从考证。但第一个出专著把七巧板介绍给西方人的是洛伊德。100多年前，即1903年，洛伊德61岁，正值声名显赫的时候，他出版了一本书，书名叫《关于七巧板的第八本书》（*The Eighth Book of Tan*），这是西方最早，也是影响最大的七巧板专著，书中包括几百个出色的七巧图，以及关于七巧板的历史的梦幻般传说。在洛伊德笔下，七巧板被说成是中国4000多年以前就发明的，同时问世的还有关于七巧板的七本书，每本书中都有上千幅七巧图，但存世的只有第一本和第七本，以及第二本的一些散页。这些书是上帝写的，用以反映地球发展的七个阶段，包括混沌初开，阴阳相合，生命的最初形态，然后出现了树木、鱼、鸟、动物和人类以及人类发明的各种工具、家具、衣服、房舍等等。总之七本七巧图囊括了人世间的一切事物。书的结尾引用了一位知名的中国哲人的话：谁要是想写关于七巧板的第八本书，谁就是傻瓜（也许这就是洛伊德的这本书的书名的来历）。

显然，关于七巧板的这段历史是杜撰出来的。但是是谁杜撰的？为什么要杜撰？这已无从知晓，最大的可能是：洛伊德本人为了渲染七巧板的神秘性以引起人们的注意而编造了这段故事。由于洛伊德的巨大声望，他编造的故事长时期广为流传，甚至中国的一些七巧板专著也采用了他的说法，直到1974年马丁·伽德纳才详细论证了其虚假性。

洛伊德编造的美丽故事是假的，但洛伊德编造的美丽的七巧图却是真的。作为一位国际级的大玩家，七巧板到了洛伊德手中同样被出神入化地演绎出了一幅幅精美绝伦的图画，图 6-14 中给出了洛伊德用两副七巧板创作的 4 幅七巧图，你看是何等的生动、形象！图 6-14（a）中是一位妇女推着婴儿车急匆匆地行走；图 6-14（b）中是两人打架，强者把弱者打倒在地，挥拳猛揍；图 6-14（c）中是一位印第安部落的酋长和跪在他面前的奴仆；图 6-14（d）中是一个工人推着一辆沉重的独轮车。最后一幅中的人和车，如果你仔细观察一下还会发现，是由两副七巧板用完全相同的方法拼成的，但是放的位置不同，直立的是人，横着就是车了，真是不可思议。作为七巧板故乡的中国人也不能不叹服于洛伊德的智慧和想象力。

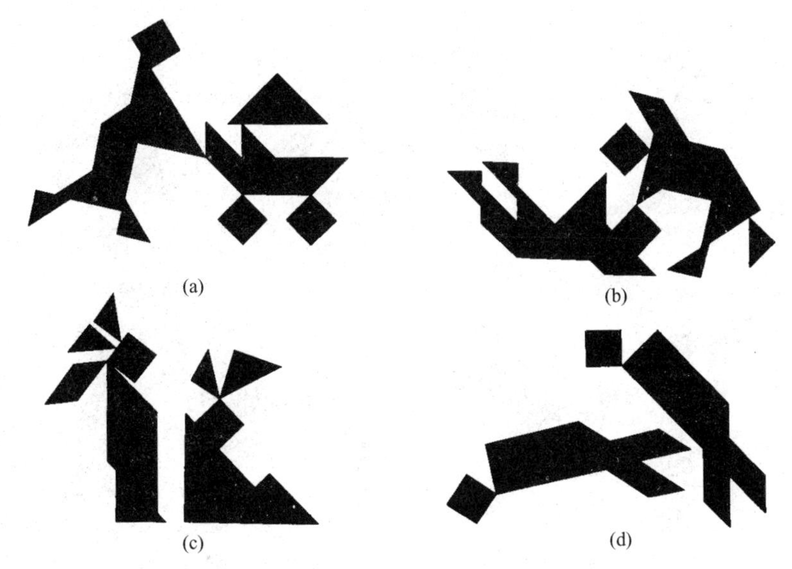

图 6-14　洛伊德创作的七巧图

洛伊德还首先发现了七巧板悖论。图 3-44 中上面的 3 对看似相悖的七巧图，就都是洛伊德给出的。

继洛伊德之后，杜德尼在他传世的娱乐数学名著 *Amusements in Mathematics*（Thomas Nelson & Sons Limited，1917）中，向欧洲读者进一步介绍了七巧板，并创作了一系列被视为经典的七巧图佳作，图 6-15 是其中的一部分：（a）是高贵的比琳达夫人，（b）是细长腿的鹳鸟，（c）是一艘张着帆的快艇，（d）是一只正在蹒跚行走的北极熊，（e）是一只兔子，（f）是一个奔跑着的人，（g）是一只秃鹫，（h）是一个荷兰少女。你看，哪一幅不是惟妙惟肖，细微传神？杜德尼还是最早用多副七巧板拼成复杂场景的人之一，图 6-16 中是他用 4 副七巧板拼出的两个人在打台球的一幅“七巧画”，除了两个人，一张台球桌以外，中间墙上还挂着一座钟。图 6-17 是场面更大的一幅“七巧画”了：画中描写了一个正在演奏着的乐队，有指挥，有弹钢琴的，一个矮胖子吹着短号，低音提琴的演奏者离乐器稍远了些；一个小孩敲着鼓，他前面是一个给人印象深刻的乐谱架，甚至还有一个“观众”——一条狗爬在钢琴后静静地欣赏着美妙的音乐！杜德尼的这幅画被挂在英国某个音乐厅的墙上作为装饰品，真是再恰当不过了。

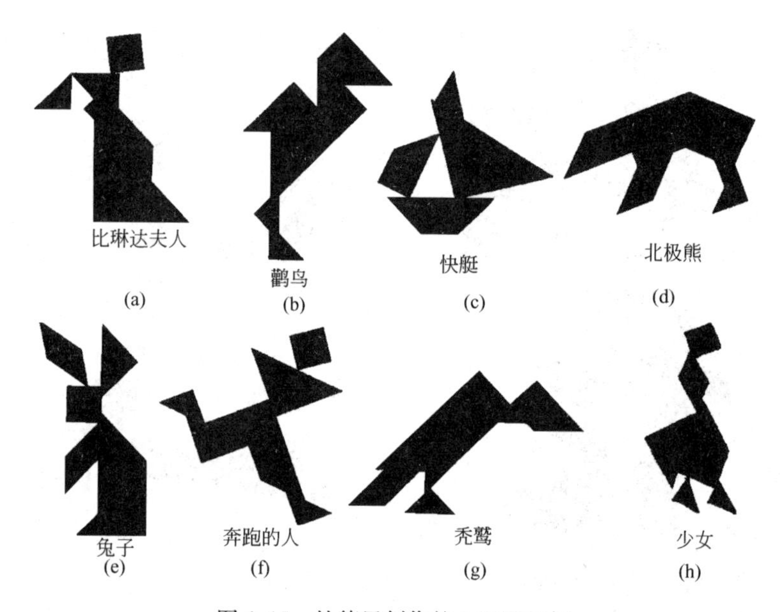

图 6-15　杜德尼创作的七巧图示例

图 6-16　“七巧画”打台球

图 6-17 “七巧画”乐队

杜德尼还发展了洛伊德的七巧板悖论。七巧板悖论中最著名的相悖的一组画，也就是图 3-49 中最下面这一组两个相似的人，一个有脚，一个没有脚，就是杜德尼的贡献。

07 七巧板从平面到立体

七巧板在我国可谓妇孺皆知，无人不晓；但要说起立体七巧板，恐怕知之者就很少很少了。同平面的七巧板一样，立体七巧板中也蕴含着很多有趣的数学问题。这一章我们就来介绍立体七巧板。

7.1 立体七巧板的起源

关于立体七巧板的起源，在我国没有明确的文字记载。据谈祥柏先生在《数学百草园》中介绍，它也是我国民间玩具，不知何时传到欧洲，在北欧斯堪的那维亚半岛国家相当流行。但在国外，关于立体七巧板的发明，却有一段动人的故事。在国外，立体七巧板被叫做“Soma Cube”，是一个丹麦人庇特·哈恩（Piet Hein，1905～1996）发明的。故事是这样的：哈恩有一次去听著名的德国理论和量子物理学家海森伯格（Werner Heisenberg，1901～1976）讲课。海森伯格讲到宇宙可以分为一些立方体，这时哈恩突然灵感涌现，想到如果用不多于4个相同的小立方体通过面与面相连组成所有可能的“不规则”形状，把它们放在一起，是否能拼成一个大立方体？想到这个有趣的问题，哈恩的心思离开了海森伯格的讲课，他在笔记本上首先画出了这些不规则的立方体，所谓“不规则”是指立方体中总是包含有凹陷和隐蔽的处所。在乱涂乱抹一通以后，哈恩最后得出这样的不规则立方体一共有七个，如图7-1所示。其中只有一个是由3个小立方体组成的，其他6个都是由4个小立方体组成的。显然，只用1个或2个小立方体是不能形成“不规则”体的。讲课一结束，哈恩立刻回到住所，用积木块和胶水把这7个组件做了出来，然后摆弄它们，试图把它们拼成一个大立方体。几经努力，他终于成功，证明了他的想法是对的，这使他十分兴奋。后来他以Soma的商标推出了他的发明作为玩具，并从此在北欧斯堪的那维亚国家流行开来。至于Soma这个名称，意思是动、植物的躯干，哈恩的意思显然是说他的这七个组块是形成宇宙的“躯干”。

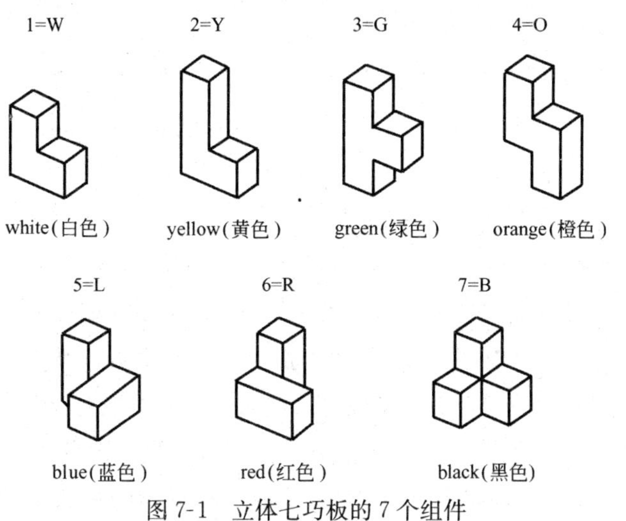

图7-1　立体七巧板的7个组件

比较一下哈恩这7个组块和谈祥柏先生给出的立体七巧板，我们发现是完全一样的，因此哈恩发明的Soma也就是中国的传统民间玩具。当然，我们没有资料可以证明哈恩拿了中国的玩具去作为他的发明，也没有资料可以证明他的发明故事是编造出来的，我们只能遗憾于中国在很长的历史时期中都没有建立起知识产权制度，国人也没有知识产权的概念，因此大量的发明创造花落他家，令人惋惜。

7.2　立体七巧板中的数学

回到立体七巧板的七个组件上来，我们可以发现，哈恩所定义的“不规则”立方体，正好是1个“三连方”和6个“四连方”。我们在前面“七巧板数学”一章中曾经提到过“四连方”，在那里，是指平面的四连方，即把4个相同的正方形按边与边相接的原则连在一起所形成的几何图形。平面的四连方只有五种形式，即图3-8中的四种，另一种是4个小正方形拼成一个大正方形。在立体七巧板中，$3\times3\times3=27$个小立方体被分割成7个组件，就是一个立体的“三连方”和6个立体的“四连方”。按照面与面相接的原则并排除以串接方式形成“一维”（也就是“规则”）的那种三连方和四连方以后，组成立体七巧板的7个组件恰是全部可能的三连方（只有一个）和四连方（共计 6 个），其中 5 和 6 两个四连方是互为镜像的。所以，仅仅从立体七巧板的组成上看，其中就包含着很深刻的数学意义。

用立体七巧板的 7 块组件首先可以拼成一个大立方体，这是没有疑问的，然而这却并非易事，对于绝大多数人来说，都要经过反复试验，经历多次失败才能成功。因此，如果我们告诉你，用立体七巧板的 7 块组件拼成一个大立方体的方法很多，有 480 种的时候，你可能会大吃一惊！首先穷尽这 480 种方法的是英国剑桥大学的数学家康韦（又是他！我们的书中已经多次提到过这个名字了）和他的同事盖伊（M. J. T. Guy）。他们采用的方法是首先建立若干巧妙的定理（其中有几个定理是盖伊的父亲 Richard Guy 发现的，老盖伊本人，也是个数学游戏的专家，出版有《组合学游戏》等专著），然后利用均衡着色法（parity coloring technique），只花了半天时间就把所有可能的拼法全部检验了一遍。曾经有资料说他们的这一工作是借助于计算机完成的，但康韦本人否定了这一说法，他认为如果找到了正确的方法，那么手工解决这类问题甚至比编程用计算机去解决还要快。

下面我们简要地介绍一下康韦和盖伊解决这一问题所采用的巧妙方法。

他们首先把立体七巧板的 7 个组块编号并分别用一个字母表示，如图 7-1，其中 W 表示白色（white），Y 表示黄色（yellow），G 表示绿色（green），O 表示橙色（orange），L 代表蓝色（blue），R 表示红色（red），B 表示黑色（black）；又把组成 3×3×3 的立方体的 27 个小立方按位置分成 4 类，如图 7-2 所示，即顶角单元 V（vertex cell）8 个，边缘单元 E（edge cell）12 个，面上单元 F（face cell）6 个，中央单元 C（central cell）1 个。然后他们分析了立体七巧板的 7 个组块在拼成大立方体时能占有顶角的最大数量，显然，对于 W，O，L，R，B 这 5 种组块，每种都最多只能占有一个顶角，而对于 Y 和 G 这两种组块，每种都最多能占有 2 个顶角。这样，这 7 个组块总共最多能占有 9 个顶角。但立方体只有 8 个顶角。由此可见，在用立体七巧板组成立方体时，总有一个组块要少占一个顶角，他们把少占了一个顶角的组块叫做“不足组块”（deficient piece），意思是没有满足它可占有顶角的数量。

那么，什么组块可以成为不足组块，什么组块不可以成为不足组块呢？他们经过分析，发现G组块是绝对不可以作为不足组块的，因为它的形状决定了它要么占有2个顶角（放在大立方体的外层边缘），要么一个顶角也不占（放在大立方体外层的中间，或者放在大立方体中间一层）；而如果它一个顶角也不占，那么其他6个组块最多能形成7个顶角，是不能构成立方体的。这样，他们获得了第一个定理：

图7-2 大立方体的4种单元

定理1 绿色组块G必定位于立方体外层边缘并占有2个顶角。

接下来，他们对大立方体的27个单元交替用以下2种颜色着色：对8个顶角单元V和6个面上单元F着火红色（flame），对12个边缘单元E和1个中央单元C着艳绿色（emerald）。对着火红色的单元统称FV单元，着艳绿色的单元统称EC单元。对任一种已知的用立体七巧板拼成大立方体的方案进行实际统计，各组块的着色情况如表7-1所示。

表7-1

组块	着火红色的FV单元数	着艳绿色的EC单元数
W	2	1
Y	2	2
G	3	1
O	2	2
L	2	2
R	2	2
B	1	3
合计	14	13

其中，对于黄、橙、蓝、红这4种组块，根据它们的形状可知，不管它们在拼大立方体时处于什么位置，着火红色和着艳绿色的单元数必

定和表 7-1 中的一样，即 2 个单元着火红，2 个单元着艳绿，至于哪 2 个着火红，哪 2 个着艳绿是无所谓的；对于绿色组块，根据定理 1 它所处位置，长条两端必为顶角，另两个单元必一为边缘单元，一为面上单元，因此也必定同表 7-1 中那样，3 个单元着火红色，1 个单元着艳绿色。这样，余下的白色组块和黑色组块的着色情况也就跟着确定了。因为就白色组块而言，由于它只有 3 个单元，既然统计表明 2 个单元要着火红色，另 1 个单元着艳绿色，那么着色情况就完全定下来了，即凸出的 2 个单元着火红色，拐角处的那个单元着艳绿色。就黑色组块而言，要么如同表 7-1 中那样，1 个单元着火红，3 个单元着艳绿；要么是 1 个单元着艳绿，3 个单元着火红，但这将使整个立方体的配色发生错乱，因此是不可能的。这样，他们就又获得了以下两条定理：

定理 2 白色组块必定占有 2 个 FV 单元，1 个 EC 单元。

定理 3 黑色组块必定占有 1 个 FV 单元，3 个 EC 单元。

根据以上 3 条定理，康韦和盖伊归纳了各种可能情况，得出在用立体七巧板拼成大立方体时，各组块正常（normal）、可以占有中央单元（central）、可以作为不足单元（deficient）、既可以作为不足单元同时又可以占有中央单元（deficient & central）等情况下所处位置的图如图 7-3 所示。

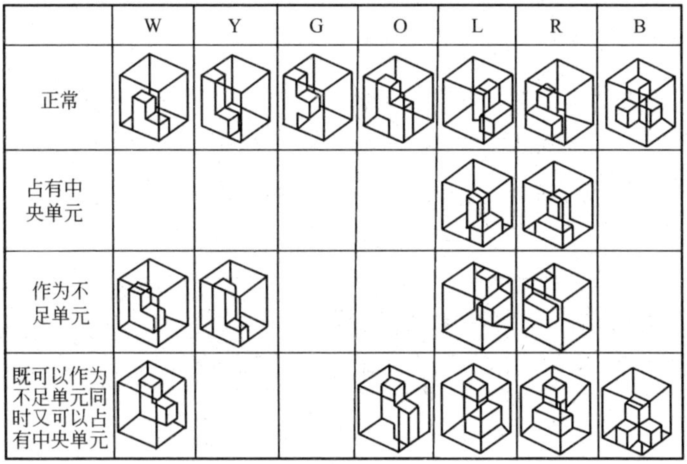

	W	Y	G	O	L	R	B
正常							
占有中央单元							
作为不足单元							
既可以作为不足单元同时又可以占有中央单元							

图 7-3　立体七巧板各组块所有可能位置

由图可见，除了绿色组块不能作为不足组块外，实际上橙色组块和黑色组块一般来说也是不能作为不足组块的，但这个结论在前面分析时是无法获得的。此外，它们和绿色组块不同，在作为不足组块时，必然要有一个单元作为中央单元。由图还可见，除了绿色组块必须放在立方体外层外，黄色组块也是必须放在立方体外层的，但它除了可以占有 2 个顶角单元外，还可以作为不足组块，只占有一个顶角单元。

好了，有了这个图以后，用立体七巧板拼立方体就比较容易了，你的拼法是否正确，能否拼成，在前几步就可以看出来了，不必等浪费了许多时间去拼凑、劳而无功以后才纠正。比如，试图把黄色组块或绿色组块放在立方体的中间一层，或者把白色组块的顶角放到立体的顶角位置上去，那是一定拼不成功的。

康韦和盖伊还发现，这些方法中，除了个别特殊的，同其他方法没有什么联系；其他方法都是密切关联着的。你可以从其中任一种方法出发，每次变动 2 个或 3 个组块的位置，就获得另一种拼法。康韦画了一张很大的图来反映拼法的关系，他把这张图叫做“Somap”，如图 7-4 所示。图中，每种拼法叫做一个“Somatype”，一般用以下一个有 4 个字母的符号来表示

$$\begin{matrix} \mathrm{D}\,\mathrm{C} \\ n\,x \end{matrix}$$

其中，D 表示用哪个组块作不足组块，C 表示用哪个组块形成中央单元，如果不足组块和形成中央单元的组块是同一个，则只用一个大写字母代替。至于 n，是表示白色组块、黄色组块和橙色组块这 3 个组块在立方体表面以“右置”方式摆放（dexter，图 7-5（a）），还是以“左置”方式摆放（sinister，图 7-5（b））的一个参数，康韦名之为“右置度”（dexterity）。n 值和这 3 个组块摆放方式的对应关系见表 7-2。

表 7-2

n	组块 W=1	组块 Y=2	组块 O=4
0	左置	左置	左置
1	右置	左置	左置
2	左置	右置	左置
3	右置	右置	左置
4	左置	左置	右置
5	右置	左置	右置
6	左置	右置	右置
7	右置	右置	右置

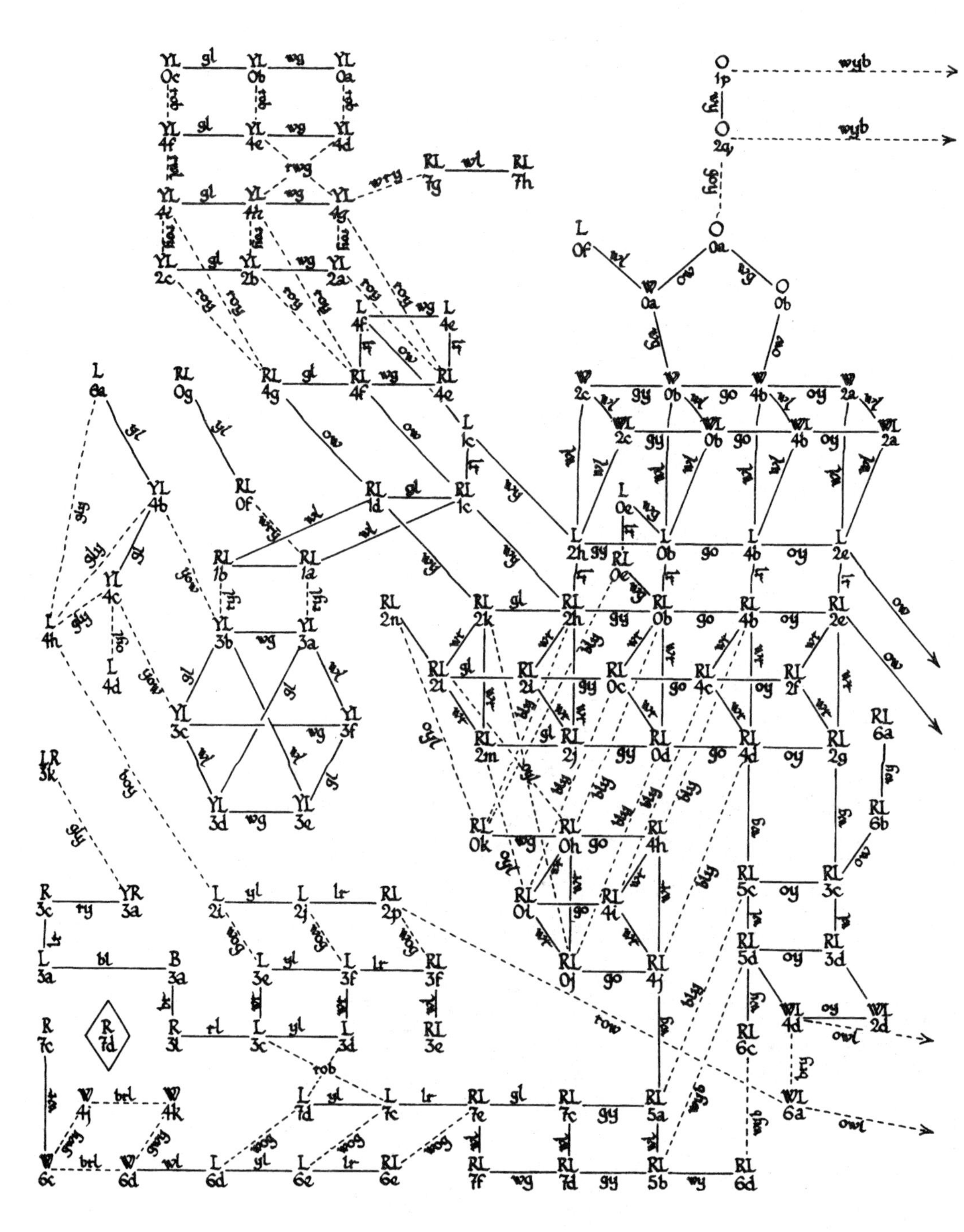

(a)

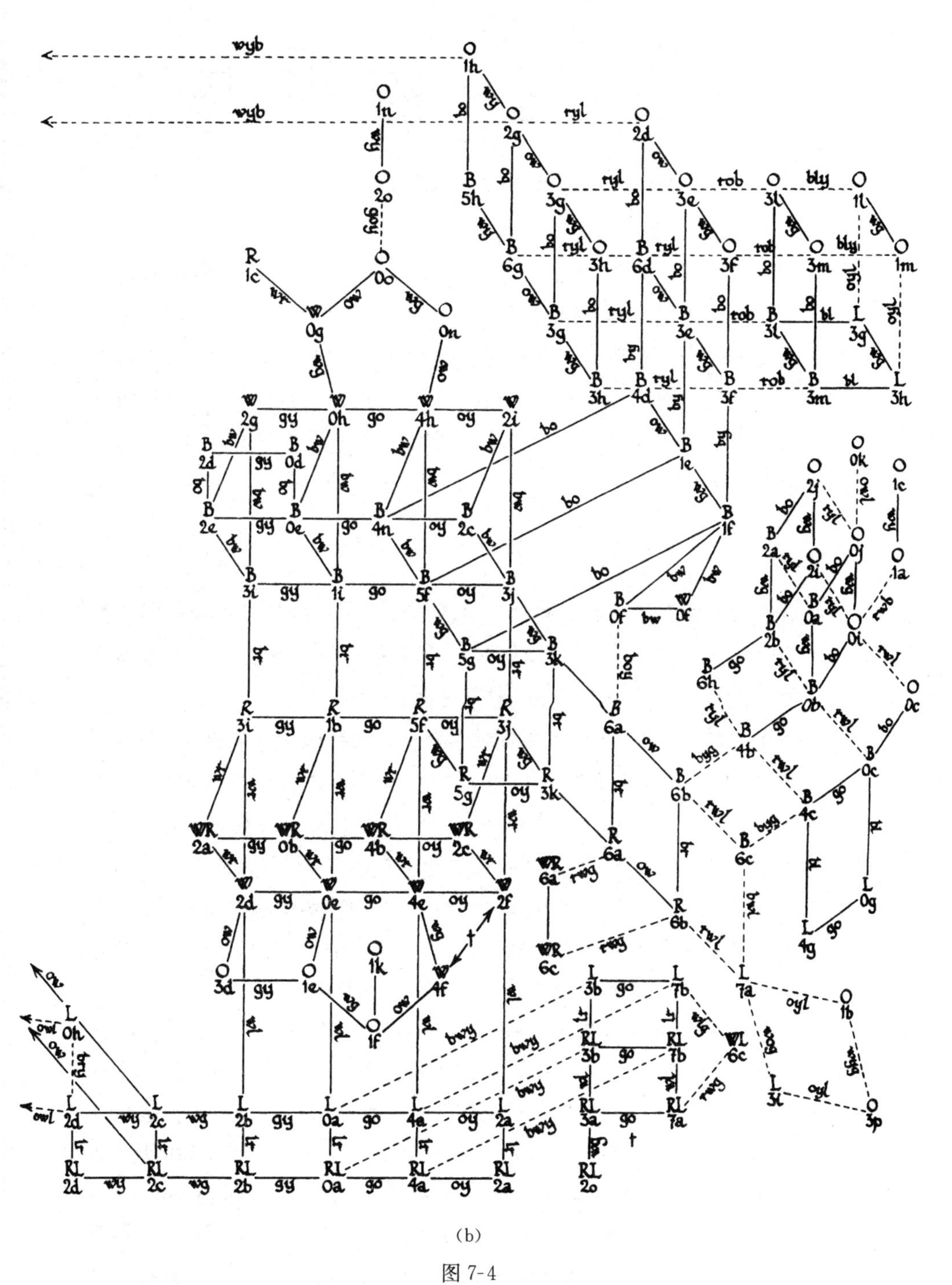

(b)

图 7-4

(a) Somap（左）；(b) Somap（右）

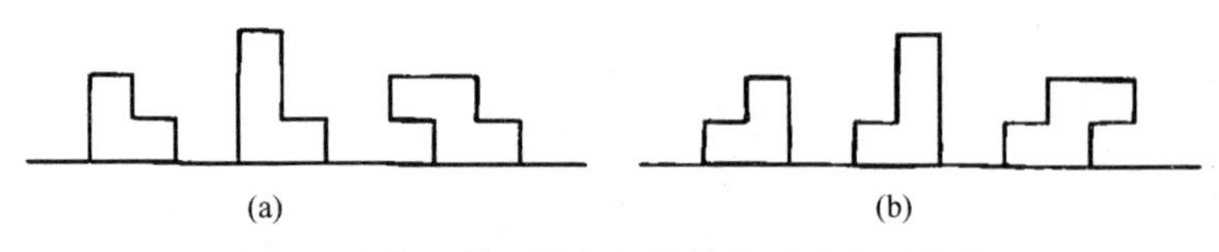

图 7-5　白、黄、橙色组块的右置或左置方式

当 D，C，n 都一样而有几种不同拼法时，x 的位置上用 a，b，c，d，…加以区分。这样，以红色组块作为不足组块，中央单元由蓝色组块产生，白色组块（1）和橙色组块（4）在立方体表面右置，黄色组块（2）在立方体表面左置的 4 种拼法；以及黑色组块是不足组块且占据中央单元，黄色组块（2）和橙色组块（4）在立方体表面右置，白色组块（1）在立方体表面左置的 3 种拼法，就用以下 7 个 Somatype 表示：

RL 5a	RL 5b	RL 5c	RL 5d
B 6a	B 6b	B 6c	

在图 7-4 中，若由某一拼法通过改变 2 个组块的位置而获得另一拼法，则这 2 个拼法之间用实线相连；若通过改变 3 个组块的位置而获得，则用虚线相连。所涉及的组块标于连线一侧。

康韦的 Somap 中，绝大多数拼法都是通过实线或虚线互相连着的，只有一种拼法即 R7d 是孤立的，在图的左下角用菱形框着。由于拼法 R7c 不能通过变动 2 或 3 个组块成为拼法 R7d，而 7c 在英文中念作 seven seas，有类似于中文“五湖四海”的意思，因而康韦戏称“菱形的秘密在于全世界（的人）都躲着它!”（The diamonds gory secrets are seven seas away!）

康韦和盖伊研究立体七巧板的上述方法显然是十分科学的，但其表示方法过于抽象，一般人很难根据 Somatype 把立体七巧板拼成正立方体。此外，由于组件 5 和 6 互为镜像，所以 480 种拼法实际上包括 240 种基本拼法和 240 种派生拼法，即你找到任意一种拼法以后，把其中的组件 5 和 6 互相交换一下位置，就获得另一种拼法，用这两种方法拼成的立方体是互为镜像的，但不是同构的，是互相独立的。不知什么原因，康韦和盖伊在公布他们的研究成果时（包括 1982 年由 Academic Pr. 出版的 *Winning Ways for Your Plays*，谈祥柏先生的中译本名为《稳操胜券》），未加说明地宣称用立体七巧板拼成正立方体的方法“共有 240 种”，以致在随后介绍立体七巧板的国内外各种文献资料中也都引用了这个数字，包括本书第一版。直到 21 世纪初，僻居皖南山村的一个小学教师、安徽潜山县罗汉小学的李汪应老师对这个数字产生了怀疑，他自制了一副立体七巧板，利用一套独特的方法，用了约一年的业余时间，找出了拼成正立方体的所有 480 种方法，并画出了拼法图解。2006 年底，笔者收到了李汪应老师的来信和 480 种拼法图解，这才如梦方醒，恍然大悟，原来康韦说的 240 只是基本拼法。这一点，其实在 Somap 中早有反映。Somap 中共有 241 个 Somatype，其中 239 个只画出了基本拼法，康韦指出由基本拼法获得派生拼法的规则是：把 Somatype 中上一行两个符号对换一下位置（比如把 RL 改成 LR）；n 值则视中央单元是哪种组块而有不同取值，若中央单元是橙色组块，则其值为 $3-n$；若中央单元是白色组块，则其值为 $6-n$；若中央单元是其他组块，则其值为 $7-n$。Somap 中的 w2f 和 w4f 比较特殊，不符合以上规则，实际上也是互为镜像的，康韦在 Somap 上特别加以注明。由此可见康韦是穷尽了 480 种拼法的。

李汪应老师绘制的 480 种拼法图解见本书附录二。由于其非常直观，这使我们对立体七巧板的研究很快获得了突破。例如，用立体七巧板拼成大立方体的 480 种方法中，有少数几种有些特殊。特殊在哪里呢？原来，所有用其他方法拼成的大立方体都是不稳固的，只能放在桌面上才能维持为立方体，用 2 个手指想把它提起来，或者想只用一个支柱把它支起来，都是做不到的，它立刻会“散架”。只有少数几种方法拼成的大立方体，可以用支柱支住它底面的中央方格，把它稳稳地顶起来而不散架，如图 7-6 所示。以往文献认为这种特殊拼法只有两种，其图解示于图 7-7。现在好了，有了李老师的拼法图解，笔者很快就发现，具有这一特性的拼法，远不止 2 种，而有 26 种之多，除了图 7-7 中的这两种（它们对应于拼法图解中的 296 和 298）以外，还有：

103	235	297	354
118	240	299	397
158	245	300	398
174	246	306	426
228	261	310	431
233	263	321	432

图 7-6　有些拼法能把立方体这样顶起来

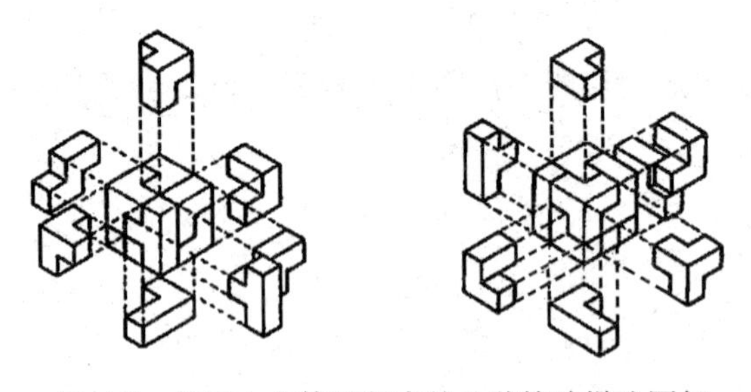

图 7-7　能把立方体顶起来的 2 种特殊拼法图解

以上所有这些拼法的共同特点是：黄色组块平放在外层中央。笔者曾以为，这就是用一个手指能把正立方体稳稳顶起来的充分必要条件。但很快，笔者的这一观点被李汪应老师的发现所打破：李老师发现，能用一个手指把正立方体顶起来的拼法还有以下 4 个：

088　　099　　192　　215

前两种拼法作为支撑的是白色组块，后两种拼法作为支撑的是黑色组块！笔者不敢断言能把正立方体顶起来的拼法就是以上 30 种，有兴趣的读者不妨继续寻找。

用立体七巧板复原成一个大立方体，只是立体七巧板游戏中最简单的一个。用立体七巧板可以拼出许多复杂而有趣的结构来，当然这需要你充分发挥你的智慧和空间想象力。图 7-8 中是立体七巧板造型的示例，有蛇、金字塔、井、摩天大楼、台阶、椅子、沙发、纪念塔、汽轮、隧道和城堡等。

英国的一个教区牧师摩根（Rev. John W. M. Morgan）用几副立体七巧板拼出了一个小小的“动物园”，如图 7-9 所示。其中包括狗、骆驼、天鹅、鹅、鸭子、鸟、大猩猩、长颈鹿、霸王龙（这是一种类似于恐龙的早就灭绝的古生物）。除了长颈鹿的头侧在一边是不对称的，趴着的狗的后半身也是不对称的以外，其余动物都是左右对称的。鸟则用一只脚栖息在那里。你看巧妙不巧妙？

同七巧板拼出的图形可以有空洞一样，用立体七巧板拼出的结构也可以有空洞，当然是立体的空洞。在图 7-8 中，水井有 3 个小立方体体积的空洞，隧道中的空洞就更大了。这些空洞都是外露的，是可见的。用立体七巧板还可以拼出带隐蔽的、不可见空洞的结构，比如图 7-10 中的那三个结构：小棚屋（a），台阶（b）和宝塔（c），就都有这样的内部空洞。图 7-10（a）中的空洞位于小棚屋的中心，只有一个小立方体体积；图 7-10（b）有 3 个单位体积的内部空洞，位于台阶腹部；至于图 7-10（c）那个宝塔，并不像看上去那样似乎是对称的，它的两个隐蔽面其实是平的，内部则有 3 个单位体积的空洞。除了前者并不难拼以外，后两个拼起来都相当困难，不费点心思和有点耐心是拼不成的。

立体七巧板拼图中的一个困难数学问题是要证明某些造型是不可能的。比如图 7-11 中的那堵墙，用立体七巧板就是拼不出来的，读者不妨

图 7-8　立体七巧板造型示例

先试试自行回答这个问题。已经有不少立体七巧板的爱好者用不同方法证明了它的不可能性，其中最简单的一种证明方法如下：看图 7-11 中的那堵墙，有 10 个拐角方块，我们用阴影把它们标出来。现在我们再来看图 7-1 中立体七巧板的 7 个组件，我们就能发现，组件 1，4，5，6，7 每个都只能提供一个拐角方块，组件 2 和 3 则每个最多能提供 2 个拐角方块，这样，立体七巧板最多只能形成 9 个拐角方块，不可能有 10 个拐角

图 7-9　用立体七巧板建造的小动物园

方块，因此，用一副立体七巧板是搭不出这样一堵墙的，证明完毕。

以上我们证明了用立体七巧板不可能搭成图 7-11 中所示的那样一堵墙，这是指这堵墙是“实打实”的。但是如果我们不要求这堵墙是“实打实”的，比如说去掉编号为 8 的那个拐角方块（这一点也不影响我们从前面看这堵墙时的模样），那么这样一堵墙还是可以用一副立体七巧板搭起来的，当然，这堵墙就不会那样平整了，在墙的某一处会凸出一块砖来（也就是凸出一个方块）。

另外一个需要证明不可能的典型结构如图 7-12 (a) 所示。这个结构在很长时间里没有人能够用立体七巧板拼出来，但是也没有人能够证明

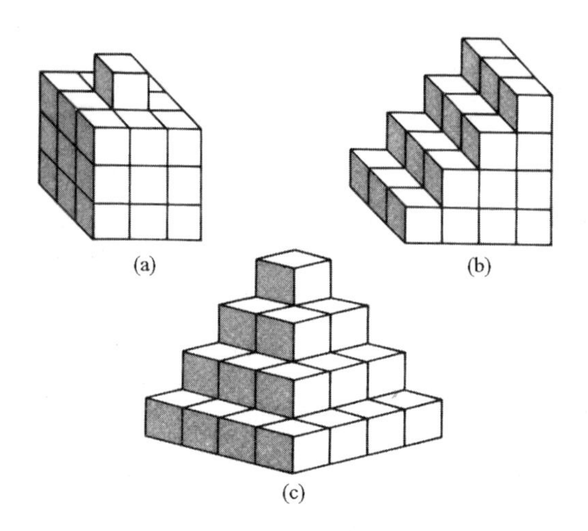

图 7-10　用立体七巧板可以拼出带隐蔽空洞的结构

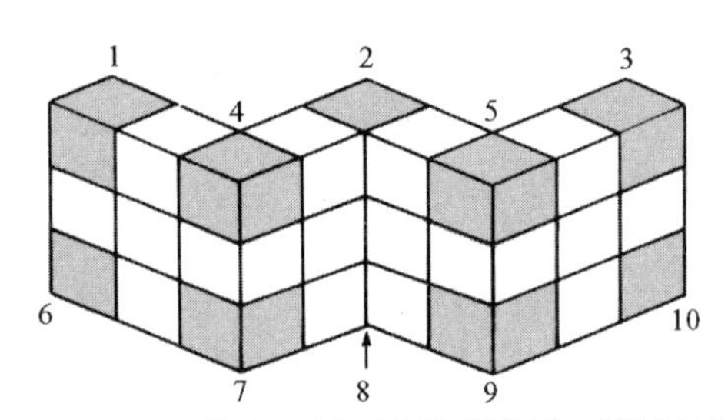

图 7-11　用立体七巧板不能拼成这样一堵墙的证明

它是不可能的。直到 20 世纪 50 年代末，加利福尼亚理工学院著名的喷气推进实验室 JPL（jet propulsion laboratory）的数学家苏罗门·戈罗布（Solomon W. Golomb）才用以下方法严格证明了它的不可能性。他首先对结构中的方块像棋盘那样进行着色，同一纵列上的着同样的色。着色以后的结构的顶视图如图 7-12（b）所示。由于这个结构每个纵列上有 2 个方块，只有中间那个纵列有 3 个方块，因此着色以后，白的只有 8 块，黑的却有 19 块，黑白方块的数量很不均衡。其次他逐一考察立体七巧板中的每一组件，让它以不同方法（即不同方向）摆到棋盘状的结构中去，看它最多能占有多少个黑的方块，而最少要占有多少个白的方块。它的统计结果如表 7-3 所示。由表可见，这 7 个组件最多总共能占有 18 个黑的方块，而至少要占有 9 个白的方块，由此证明用立体七巧板是拼不出这样的结构的。同那堵墙类似，如果把这个结构中矗立在顶上的那个方块移到旁边白的某一列上去，那么这样的结构是有可能拼出来的。

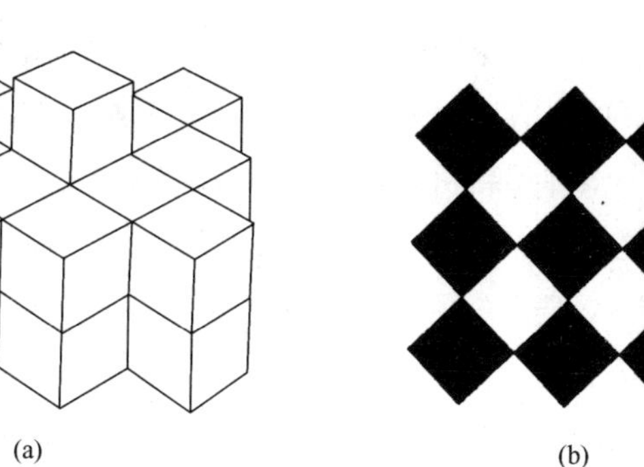

(a)　　(b)

图 7-12　不可能的另一个结构及其证明

表 7-3

组件号	能占有最大黑方块数	最少白方块数
1	2	1
2	3	1
3	3	1
4	2	2
5	3	1
6	3	1
7	2	2
总数	18	9

立体七巧板还有一个很有趣的现象：如果把 1 号组件除外，只用 2 到 7 号组件，恰恰可以拼出同 1 号组件一样形状的结构来，当然其体积是 1 号组件的 8 倍，或者说其长、宽、高都扩大了一倍。读者不妨试试。

用立体七巧板可以拼出的结构是无限多的，可惜在中国——立体七巧板的故乡没有见到相关资料。美国加州蒙洛维亚一个叫西维・法希（Sivy Farhi）的人在 1982 年出了一本书，叫《立体七巧板世界》(*Soma World*)，其中包含用立体七巧板拼出的 2000 多个结构，是目前的世界纪录。

7.3　立体六巧板及其他

如同七巧板有许多 n 巧板的变形一样，立体七巧板也有许多立体 n 巧板的变形，其中最著名和流行的是波兰数学家米库辛斯基(J. G. Mikusinski）所发明的立体六巧板，如图 7-13 所示。由于波兰的另一位数学家施坦因豪斯（Hugo Dyonizy Steinhaus，1887～1972）在他的名著《数学万花镜》（*Mathematical Snapshots*，Oxford Uni. Pr，1950）中首次介绍了这个立体六巧板，因此在国内外都有人误把它叫做

“施坦因豪斯立方体”。由图可见米库辛斯基的立体六巧板是由 3 个“五连方”和 3 个“四连方”组成的，其中 4 和 5 两个“四连方”是镜像对称的。把这 6 个组件重新拼装成一个大立方体比立体七巧板困难，因为它只有 2 种可能方案，图 7-14 中给出了其中的一种方案，这个方案的顶层只包括 1，4，6 三个组件，底层只包括 2，3，5 三个组件，中间一层则包括所有 6 个组件。

施坦因豪斯指出，他的波兰同乡所发明的立体六巧板可以拼装出无数奇特而漂亮的结构来，尽一个人的一生也做不完这件事。他设计的一个巧妙结构如图 7-15（b）所示，是将 6 个组件按图 7-15（a）那样拼装起来的。

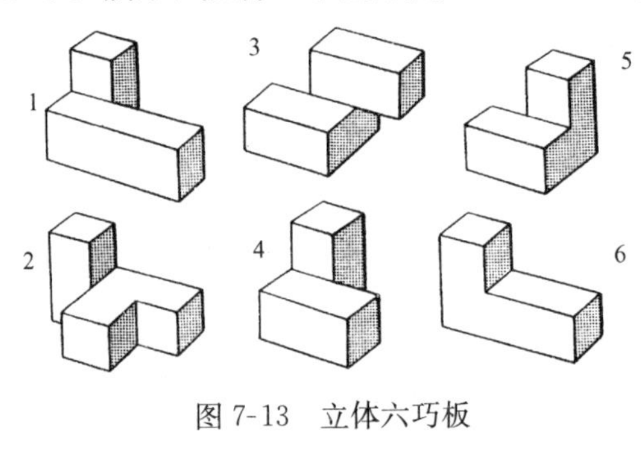

图 7-13　立体六巧板

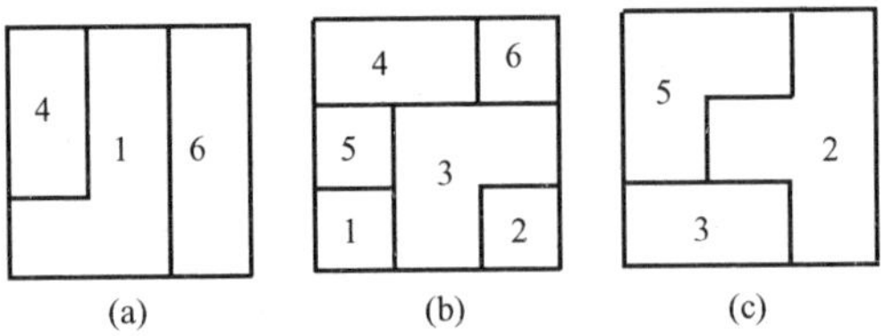

4　1　6

4　6　5　3　1　2

5　2　3

(a)　(b)　(c)

图 7-14　把立体六巧板还原为大立方体

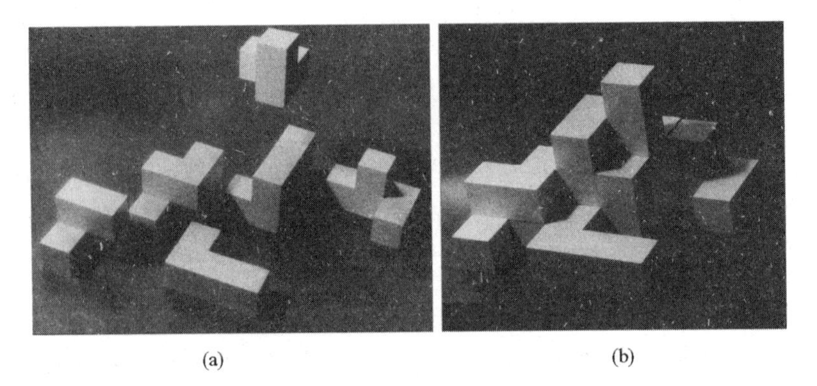

(a)　(b)

图 7-15　施坦因豪斯用立体六巧板设计的一个结构

在众多的立体六巧板中，只有图 7-16 中所示的那一个只有一个拼法可以拼成一个大立方体，这个立体六巧板是谁发明的已不可考，但它曾作为玩具以“半小时之谜”（half hour puzzle）为名生产和销售过，这个名称大概反映了一个中等智力的人要用这副六巧板拼成一个大立方体至少要用半个小时吧，读者不妨试试你的智力在半小时之上，还是半小时之下。用这副立体六巧板也可以拼出许多结构来，图 7-17 是一些示例。

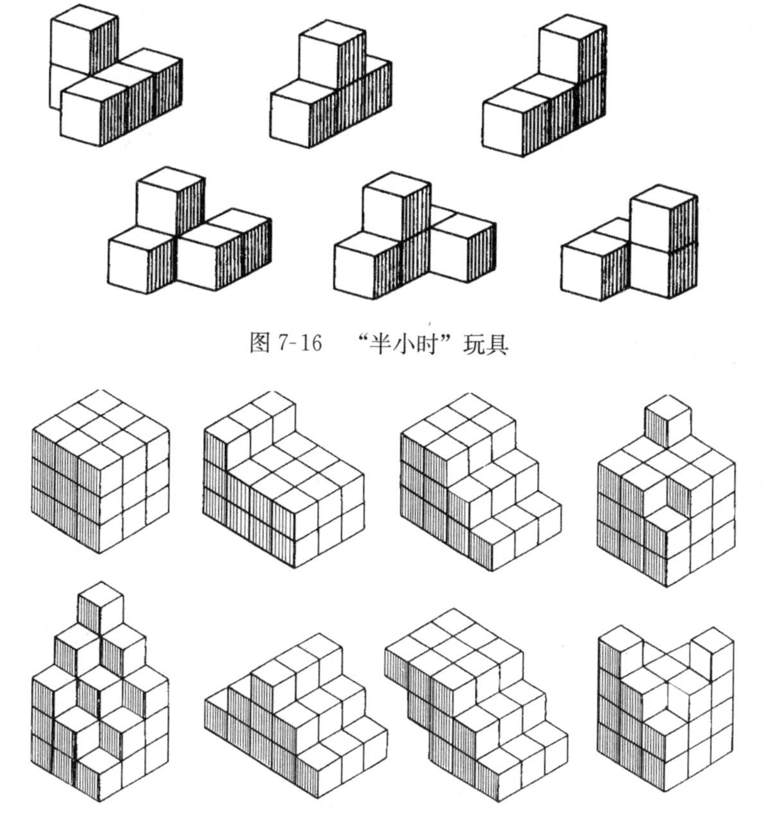

图 7-16 “半小时”玩具

图 7-17 用“半小时”立体六巧板拼成结构示例

对其他众多的立体六巧板、五巧板和四巧板我们就不多作介绍了，我们只介绍其中的一个立体五巧板，如图 7-18 所示，它的 5 个组件中有 3 个是“五连方”，有 2 个是“六连方”，全部是不对称的。还有一个是更加复杂的立体四巧板，如图 7-19 所示，其中有 2 个“六连方”，一个“七连方”，一个“八连方”，它的令人感兴趣之处在于，这些立体组件都是带“钩”的，只有互相啮合、钩住才能拼装起来，因此造型更加困难。

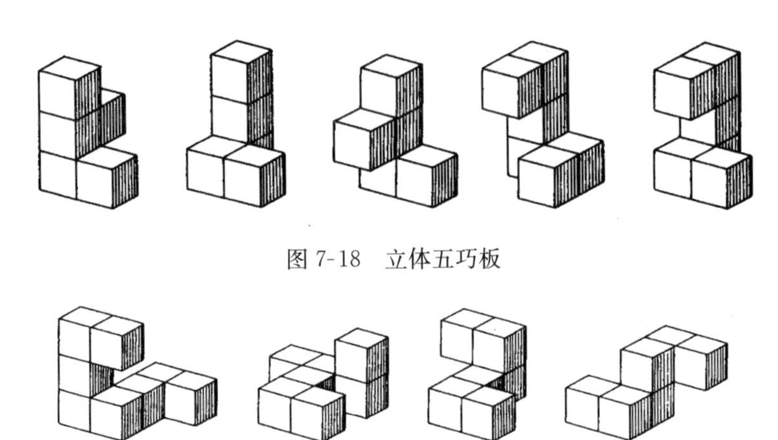

图 7-18 立体五巧板

图 7-19 立体四巧板

作为这一章的结束，我们给出图 7-10 中 3 个带隐蔽空洞的结构的立体七巧板的参考拼法如图 7-20 所示。其中小棚屋的这种拼法是不稳固结构，后来康韦对它进行了改进，如图 7-21 所示，先用立体七巧板拼成一个大立方体，然后把组件 7 取出来，颠倒个个再把它放进去，就成了一座十分稳固的小棚屋了，你可以把它倒过来放，让原来顶上的突起小块作为支点支起这座小棚屋，上面放本书，它都不会散架。

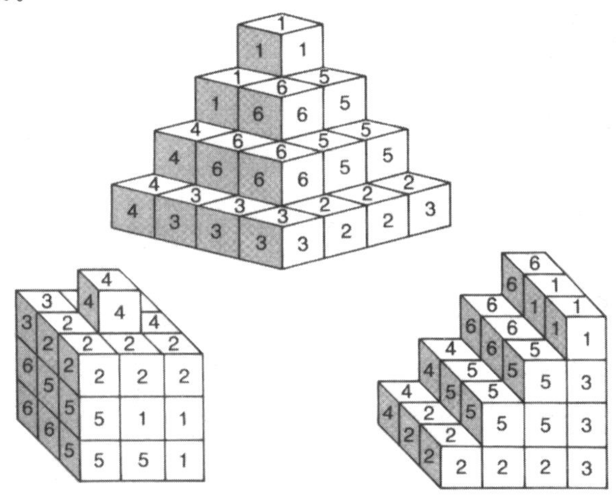

图 7-20 带隐蔽空洞的结构的参考拼法

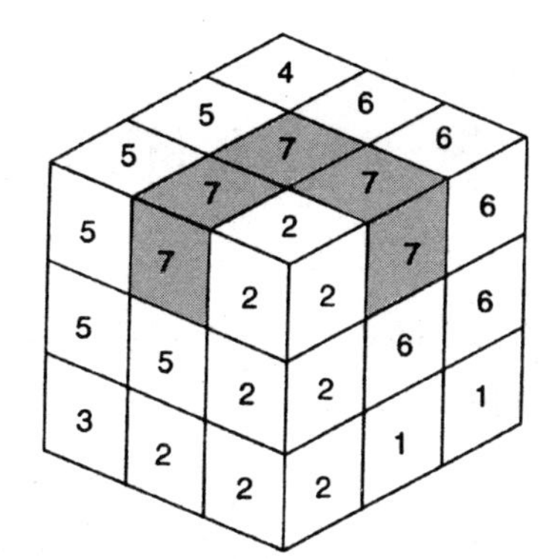

图 7-21　拼成稳定结构小棚屋的方法

第二部分　九连环和华容道

结束了在千姿百态的七巧板世界中的遨游，现在我们来到另外两个丰富多彩的智力玩具世界——九连环和华容道。九连环虽然由于需要金属材料，制作比较困难，不是人人可以自己做，往往要购买，因此普及程度不如七巧板，但它具有更加悠久的历史，同样闪耀着我们祖先智慧的光芒并且早已远传国外，被外国人称为“中国环”（chinese rings）或“魔环”（magic rings），或者根据我国把连环类玩具统称为“巧环”而叫做“Wisdom Rings”或“Ingenious Rings”，在智力玩具世界中享有盛誉。尤其是九连环的解法，竟然和美国的数学家弗兰克·格雷（Frank Gray）所发明的用于可靠无线电通信的循环码严格对应，在古代玩具中蕴含着现代技术的原理，这不能不使人惊叹。这里我们首先就来介绍这一神奇的玩具。

08 千变万化九连环

8.1 九连环简史

相对而言，有关九连环的文字记载在我国古籍中比较多见，因此九连环在宋代（960～1279）已经流行之说是被广泛接受的，九连环至少已有800年历史也是没有疑问的。但是如果要问九连环到底是什么时候发明的，那就有种种不同的说法了。以下我们自远而近举出一些有关说法。

1. 春秋战国说

这种说法认为九连环在我国春秋战国时代就已出现，其根据是，战国时的著名哲学家，道家的主要代表人物庄子（名庄周，宋国蒙人，亦即今河南商丘地区人，约公元前369～公元前286）在其著作的《天下篇》中有“连环可解也”的句子。台湾学者编的《环华百科全书》（*Pan-Chinese Encyclopedia*，环华出版事业股份有限公司，1986）就持有这一观点。春秋战国说的另一依据是西汉刘向编的《战国策》，其中有这样一则故事：“秦昭王尝遣使者遗君王后玉连环，曰：‘齐多智，而解此环不?’君王后以示群臣，群臣不知解。君王后以锥椎破之，谢秦使曰：‘谨以解矣’。”这则故事说的是秦昭王用玉连环刁难齐国，“你们自夸聪明人多，看能不能解开玉连环?”结果齐国群臣都不会解，君王后只好用工具把玉连环打碎。这一说的问题在于：庄子的“连环可解也”中的“连环”和秦昭王的“玉连环”到底是不是九连环这类玩具？秦昭王的“玉连环”至少还是个物件，而庄子说的“连环”则很可能不是物件而是一个抽象概念，因为当时群雄纷起，在争夺地盘、势力和权利的斗争中，出现了一批所谓“纵横家”，提倡“合纵连横”也就是在斗争中结成暂时的联盟。庄子说的“连环”是否指的是这种联盟，“连环可解”是否指的是这种联盟可以被瓦解？如果对这些问题不能做出明确的回答，那么春秋战国说能否成立就大成问题。

2. 西汉说

这种说法认为九连环诞生在西汉之前，其根据是这样一个故事：西汉辞赋家司马相如（公元前 179～公元前 117）婚后到长安做官，暗萌休妻之念，离家 5 年后才给妻子一封信。妻子打开一看，上面只有一行数字："一二三四五六七八九十百千万"。司马相如的妻子文君是个聪明人，看到信上的数字止于万，而无"亿"，知道丈夫这封信的意思是"无意（亿）于我"，乃回书曰："一别之后，二地悬念，只说三四月，又谁知五六年，七弦琴无心弹，八行书不可传，九连环从中折断，十里长亭望眼欲穿。百思想，千系念，万般无奈把郎怨。"此说之真伪取决于两点：①这个故事有无史实依据？是确有其事还是后人编造？②汉时是否已有"百、千、万、亿"这样的计量单位？这都需要专家作进一步考证。

3. 三国说

这种说法认为九连环发明于三国时代，而且发明人就是家喻户晓的蜀国丞相诸葛亮，其动机是为随军征战、闲得无聊的军士家属解闷！这种说法的依据何在不详，但影响却很大，包括西方的智力玩具专家柯林（Stewart Cullin）在他的《东方游戏》（*Games of the Orient*）中也采用了这样一种说法。在连环类玩具中，有一种叫"孔明锁"，大概是和这种说法直接联系着的。

好了，关于九连环的源头，让专家们去继续研究吧，我们只要知道它是很久很久以前我们的老祖宗发明的也就够了。看过《红楼梦》的读者大概还记得，贾宝玉和林黛玉也玩过九连环呢，那是在第七回"送宫花贾琏戏熙凤　宴宁府宝玉会秦钟"中，薛姨妈让周瑞家的把她带来的宫里新做的新鲜花样儿堆纱花 12 支分送给贾府的 3 位姑娘和林姑娘各 2 支，余 4 支给凤姐。周瑞家的送花送到黛玉处时，书中写道："谁知此时黛玉不在自己房里，却在宝玉房中，大家解九连环作戏。"这里，可惜曹雪芹没有详细描写黛玉和宝玉玩的九连环是什么样的，他们是怎样玩的。但从这短短的一句话中，我们可以知道，在清朝，玩九连环是相当普遍的游戏。清朝的民俗画家吴友如的画中也有反映九连环游戏的"妙绪环生"，见图 8-1。至于宝黛玩的九连环，按贾府的地位和财富，笔者猜测应为如图 8-2 所示那样，用精细雕刻的象牙作柄把的那类。

妙绪环生　吴友如作

图 8-1　妙绪环生

（出自《19 世纪中国风俗画》）

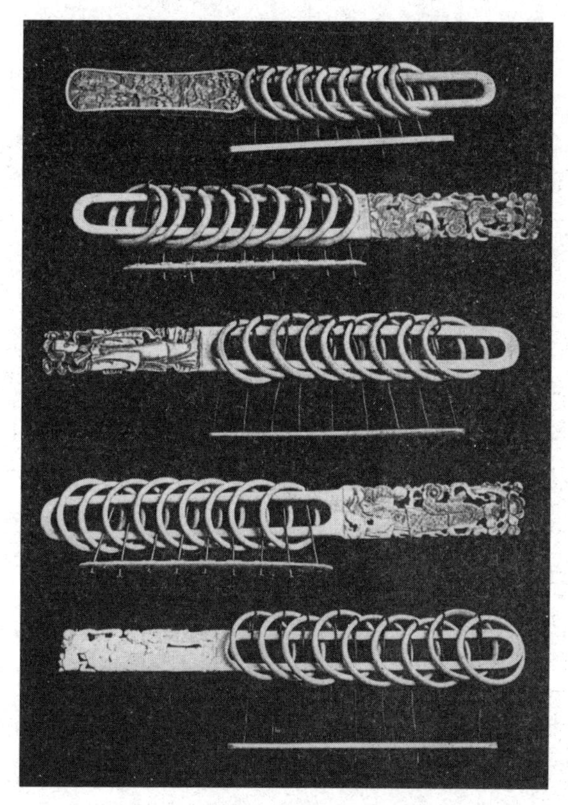

图 8-2　贵族阶层玩的豪华九连环

8.2　九连环的组成与结构

九连环的主体是 9 个套在剑形环柄上的环，如图 8-3 所示。环柄两端分别叫做柄钗和柄把，环可以从柄钗这一端套上环柄或取下，但不能从柄把这一端套上、取下。9 个环都套在环柄上以后，我们把最靠近柄钗端的那个环叫做 1 号环，其他的顺次叫 2 号环、3 号环、……最靠近柄把的那个环叫 9 号环。每个环上都又套着一个带环杆的小环，1 号环的环杆穿过 2 号环，2 号环的环杆穿过 3 号环，……环杆的另一端通过底板实际上被连接在一起，从而使 9 个圆环形成叠错扣连的关系。九连环的奥妙就是由它的这种结构引起的。

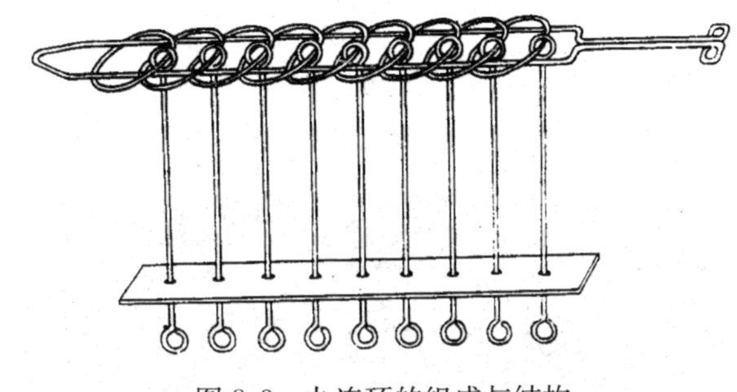

图 8-3　九连环的组成与结构

8.3　九连环的基本操作

由于九连环的独特结构，这 9 个环中，只有 1 号环和 2 号环，既可单独套上环柄或从环柄上取下（以后为简单，我们只说“上”或“下”），也可同时上、下；其他环都只能单独上、下，而且单独上下有严格的条件限制。为了玩九连环，我们必须先掌握与熟练九连环的基本操作。

九连环的基本操作方法有 3 种。

1. 单环上、下法

单环的上、下法就是把 1 号环装上或取下的方法。上环时，左手用拇指、食指和中指拿住环转 90°，让它自下而上穿过环柄的 2 根横杠，再转 90°，把它左移过柄钗后适当降低高度，就可套到环柄上去了。其过程如图 8-4（a）和（b）。

下环的过程恰是上环的逆。正确的动作应为：把 1 号环提起往左移过柄钗，再返回转 90°，让它从环柄的 2 根横杠中穿下，所以其行走路线仍如图 8-4（a）虚线所示，但方向相反。

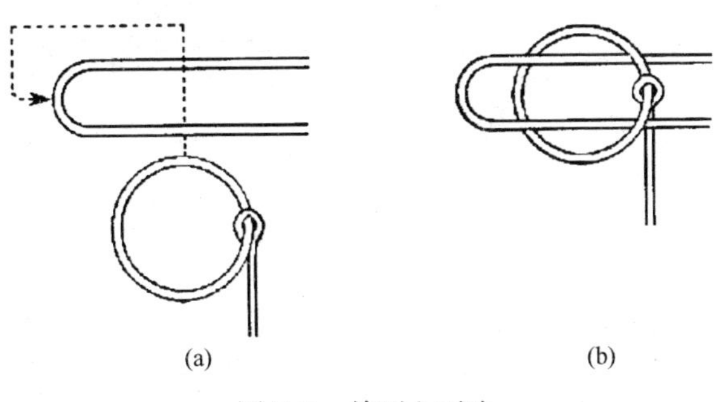

图 8-4　单环上下法

2. 双环上、下法

双环上下法与单环上下法是一样的，只不过需同时拿住两个环操作。只适用于 1 号、2 号两环。

3. 3 号环上、下法

所谓 3 号环上下法其实泛指（n+1）号环的上下法，此时 n 号环必须在柄上，1～（n−1）号环必须在柄下，所以图 8-5 中只画出了 n 和（n+1）号两个环。上环时，拿住（n+1）号环，按单环上法套到柄上，这时如图8-5（a）所示，n 号环也会跟着移动，虽然由于环杆的作用不会脱离开环柄，但（n+1）号环套上环柄后，n 号环是“浮”在环柄内侧的横杠上的。因此，在装上（n+1）号环以后，应随手把 n 号环“推”回到柄上去，在 2 个横杠上重新架好，如图 8-5（b）所示。

下环的过程仍是上环的逆，（n+1）号环的行走路线如图 8-5（a）中虚线所示，但方向相反。在（n+1）号环取下过程中，n 号环也会跟着移动，“浮”在环柄内侧的横杠上。因此，在取下（n+1）号环以后，应立即把 n 号环“推”回到柄上去，在 2 个横杠上重新架好，否则会影响后面的操作，给你带来麻烦。

我们这里对九连环的 3 种基本操作方法详细地、不厌其烦地介绍了一遍，原因是这对熟练地玩九连环是非常重要的。一些朋友虽然对九连环感兴趣，但玩了不久就丧失了信心，不玩了，原因就是急于求成，没

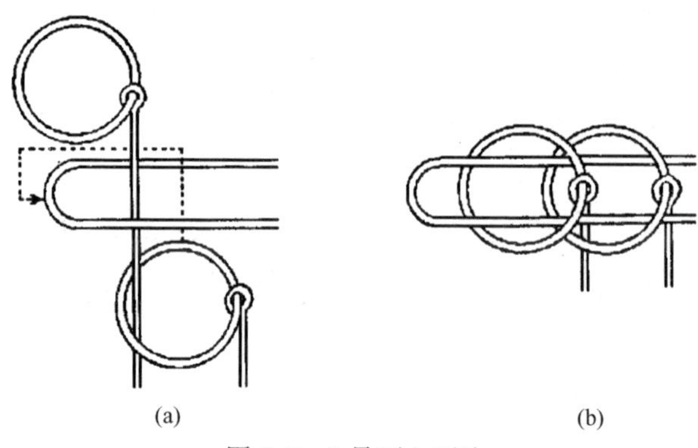

(a) (b)

图 8-5 3 号环上下法

有掌握这些基本操作就想解九连环，很快就弄乱而玩不下去了。这里再强调一下，九连环操作中最关键的就是，对于下环，必须将环提起，左移过柄钗转 90°后，让它从环柄的 2 根横杠中落下；对于上环，必须自下而上将环从 2 根横杠中穿过，也要左移过柄钗后再把它套到环柄上去。此外，要把取下或套上时位置受影响的左侧那个环通过柄钗重新正确复位，架在环柄的 2 个横杠上。

8.4 九连环的解法

掌握了九连环的基本操作以后，我们可以学习九连环的解法了。为此，我们先看一下各环上、下的可能性。

对于 1 号环，由于没有别的环的环杆约束它，所以可以自由上下，这是没有疑问的。

对于 2 号环，由于 1 号环的环杆从其中穿过，受到约束，所以它可以同 1 号环“随动”，即随同 1 号环一起上下。如果 2 号环要单独下，则 1 号环必须留在柄上，因为否则的话，由于 1 号环的杆是穿过 2 号环的，而 1 号环已经从柄上脱下，它的环杆已在柄外，这将阻止 2 号环在左移过柄钗后返回，重新从 2 根横杠中间落下，也就是说无法下环。因此 2 号环单独下的必要条件是 1 号环留在柄上。

至于 2 号环上时，1 号环在柄上还是柄下均可，1 号环在柄下时由于 1 号环的环杆是穿过 2 号环的，在 2 号环上时，将连带着把 1 号环也带到内侧横杠上方“浮”着，只要把它推过钗端即可。

对于 3 号环的下，我们看到，若 1，2 号环也在柄上，则 1 号环的环杆将阻止 3 号环左移过柄钗，而若 1，2 号环均在柄下，则 2 号环的环杆（它是穿过 3 号环的）将阻止 3 号环在左移过柄钗后返回，从 2 个横杠中落下，因此都是无法实现的，因此，只有当 1 号环在柄下，而 2 号环在柄上时，3 号环才能下。反之亦然。

往下，对 4 号环、5 号环、……的上下，就都同 3 号环类似了，也就是，只有当它前面一个环在柄上，再前面的所有环都在柄下时，这个环才有可能上下。用数学方法表达的话，其规则是：如果只有 n 号环在柄上，则 $n+1$ 号环就可以从柄上取下或装上。因此，如果想要取下 9 号环，则 8 号环必须在柄上，而 1～7 号环又都必须在柄下；如要取下 7 号环，则 6 号环必须在柄上，而小于 6 号的环都应先取下；如要取下 5 号环，则 4 号环必须在柄上而先要将1～3 号环取下；……这样，在玩九连环时，要把 9 个环都从柄上取下，第一步应取下 1 号环，而不可将 1，2 号环同时取下。

下面，我们给出取下九连环的全过程。其中 12 上、12 下指的是 1 号环和 2 号环同时上下，这算一步。总共 256 步。把 9 个环都装上去的过程与此相反。

1 下（第一步，1 号环下）

3 下　1 上　12 下（3 步，2，3 号环下。连前共 4 步）

5 下　12 上　1 下　3 上　1 上　12 下　4 下　12 上　1 下　3 下　1 上　12 下（12 步，4，5 号环下。连前共 16 步）

7 下　12 上　1 下　3 上　1 上　12 下　4 上　12 上　1 下　3 下　1 上　12 下　5 上　12 上　1 下　3 上　1 上　12 下　4 下　12 上　1 下　3 下　1 上　12 下　6 下　12 上　1 下　3 上　1 上　12 下　4 上　12 上　1 下　3 下　1 上　12 下　5 下　12 上　1 下　3 上　1 上　12 下　4 下　12 上　1 下　3 下　1 上　12 下（48 步，6，7 号环下。连前共 64 步）

9 下　12 上　1 下　3 上　1 上　12 下　4 上　12 上　1 下　3 下　1 上　12 下　5 上　12 上　1 下　3 上　1 上　12 下　4 下　12 上　1 下　3 下　1 上　12 下　6 上　12 上　1 下　3 上　1 上　12 下　4 上　12 上　1 下　3 下　1 上　12 下　5 下　12 上　1 下　3 上　1 上　12 下　4 下　12 上　1 下　3 下　1 上　12 下　7 上　12 上　1 下

3上　1上　12下　4上　12上　1下　3下　1上　12下　5上　13上　1下　3上　1上　12下　4下　12上　1下　3下　1上　12下　6下　12上　1下　3上　1上　12下　4上　12上　1下　3下　1上　12下　5下　12上

1下　3上　1上　12下　4下　12上　1下　3下　1上　12下（96步，至此柄上剩7，8号环。连前共160步）

8下　12上　1下　3上　1上　12下　4上　12上　1下　3下　1上　12下　5上　12上　1下　3上　1上　12下　4下　12上　1下　3下　1上　12下　6上　12上　1下　3上　1上　12下　4上　12上　1下　3下　1上　12下　5下　12上　1下　3上　1上　12下　4下　12上　1下　3下　1上　12下（48步，至此柄上剩6，7号环。连前共208步）

7下　12上　1下　3上　1上　12下　4上　12上　1下　3下　1上　12下　5上　12上　1下　3上　1上　12下　4下　12上　1下　3下　1上　12下（24步，至此柄上剩5，6号环。连前共232步）

6下　12上　1下　3上　1上　12下　4上　12上　1下　3下　1上　12下（12步，至此柄上剩4，5号环。连前共244步）

5下　12上　1下　3上　1上　12下（6步，至此柄上剩3，4号环。连前共250步）

4下　12上　1下（3步，至此柄上剩2、3号环。连前共253步）

3下　1上（2步，至此柄上剩1，2号环。连前共255步）

12下（1步，结束，9个环全部解下，共256步）

8.5　对九连环解法的分析

九连环解法不是惟一的，但步数最少的解法只有一种，我们前面介绍的解法是西北工业大学百岁高龄的姜长英教授提供的（见他的《科学思维锻炼与消遣》，西北工业大学出版社，1997年。但该书给出的解法中有个别错误，此处已改正）。它的巧妙处在于：先用64步把1号到7号环从柄上取下，为后面顺次取下9号环、8号环、……直至1号环做好准备。可以把这64步称作准备阶段。然后正式进入下环阶段，下环阶段从大号环到小号环依次推进，下 9 号环用了 96 步，其结束状态为柄上只剩 7 号、8 号环，因此正好为下一步下 8 号环做好了准备。下 8 号环用了 48 步，是下 9 号环步数的一半，其结束状态为柄上只剩 6 号、7 号环，又为下一步下 7 号环做好了准备，……如此递进，每次解下一个环，所用步数则减半。到用 3 步解下 4 号环后，就更简单了，只用 2 步可以解下 3 号环，再用 1 步把 1 号、2 号环一起解下，至此全部 9 个环都解下了。

回过头来看一下准备阶段，也很有规律，在第一步解下 1 号环以后，用 3 步再解下 2 号、3 号环，用 12 步再解下 4 号、5 号环，最后用 48 步解下 6 号、7 号环。这样，我们看到，准备阶段的下环个数和所用步数有以下关系：

取下 1 号一个环用 1 步　　　　(2^0)

取下 1 号到 3 号三个环用 4 步　(2^2)

取下 1 号到 5 号五个环用 16 步 (2^4)

取下 1 号到 7 号七个环用 64 步 (2^6)

对于下环阶段，我们也列出所下的环和所用步数的关系如下：

解下 1 号、2 号环用 1 步

解下 3 号环用 2 步

解下 4 号环用 3 步是解 1～3 号环步数之和

解下 5 号环用 6 步是解 1～4 号环步数之和

解下 6 号环用 12 步是解 1～5 号环步数之和

解下 7 号环用 24 步是解 1～6 号环步数之和

解下 8 号环用 48 步是解 1～7 号环步数之和

解下 9 号环用 96 步是解 1～8 号环步数之和

你看，从解 4 号环开始，所需步数恰是解比它小的号的所有环的步数之和。

在采用 1 号、2 号环作为一个整体上下的以上解法中，环数 n 和所需步数 N 之间有如下关系：

$$N=\begin{cases}2^{n-1}, & \text{当 } n \text{ 为奇数时}\\ 2^{n-1}-1, & \text{当 } n \text{ 为偶数时}\end{cases} \tag{8.1}$$

这是九连环的快速解法。

如果在解九连环过程中，1 号环和 2 号环不作为一个整体上下，而是独立上下，那就是慢速解法，环数 n 和所需步数 N 之间关系将变成下面那样：

$$N=\begin{cases}\frac{1}{3}\left(2^{n+1}-1\right)\text{，当 } n \text{ 为奇数时}\\ \frac{1}{3}\left(2^{n+1}-2\right)\text{，当 } n \text{ 为偶数时}\end{cases} \tag{8.2}$$

对九连环来说，N 就不是 256 而是 341 了。这很容易验证，我们前面解九连环的全过程中，共有 85 个 12 上或 12 下，每个 12 上或 12 下都分成 2 步共增加 85 步，256+85=341。

对于小的 n，慢速解法与快速解法所需步数之比在 1.33 上下振荡，如：

$n=6$，比为 42∶31=1.355

$n=7$，比为 85∶64=1.328

$n=8$，比为 170∶127=1.338

$n=9$，比为 341∶256=1.332

$n=10$，比为 682∶511=1.334

门德尔松（N. S. Mendelsohn）证明，这个数列很快收敛于 $\frac{4}{3}$。即对于更多环数，慢速解法总是比快速解法多出 1/3 的步数。

读者会问：上述九连环的环数与解九连环所需步数之间的关系式是怎么来的呢？或者说该如何证明呢？下面我们分别就慢速解法与快速解法给出一般证明。先证明慢速解法关系式。

证明慢速解法关系式（8.2）有多种方法，我们下面给出的方法是最优美而聪明的方法，这个方法是 19 世纪的法国数学家格罗斯（Louis Gros）于 1872 年提出的，其要点如下：把解九连环过程中的每个状态用一个二进制数表示，这个二进制数的每一位顺次对应每一个环，为此我们设九连环的柄钗在右，柄把在左（这当然不影响证明），如图 8-6 所示。对于在柄上的环，对应二进制位自左至右轮流取 1 或 0；对于已经取下的环，其对应二进制位取其左侧最靠近它的那个还在柄上的环的值，如果其左侧没有环则取 0。

根据上述约定，对于图 8-6 中的（a）、（b）、（c）三个九连环状态，其二进制数分别为 1101000，1101001 和 1100111。

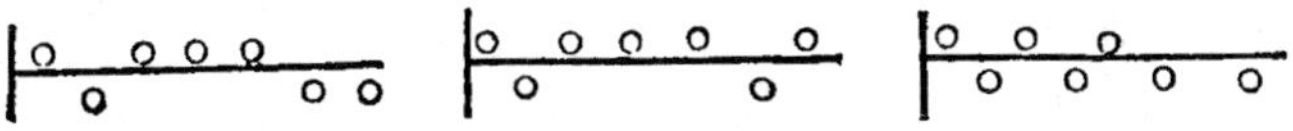

1101000
(a)

1101001
(b)

1100111
(c)

图 8-6 慢速解法关系式的证明

由于柄上的环自左至右交替变换 1 和 0，而已取下的环如果相邻其取值必一致，这样在解九连环过程中解下一个环，或套上一个环的每一步的实际效果，相当于二进制数加 1 或减 1。例如图 8-6（b）的状态是由（a）的状态将 1 号环重新套到柄上去形成的，因此表示该状态的二进制数 1101001 就是由表示（a）的 1101000 加 1 形成的；图 8-6（c）的状态是由（a）将 4 号环从柄上取下后形成的，因此其二进制数 1100111 是由 1101000 减 1 而形成的。

对于七连环而言，7 个环都取下后的状态用 0000000 表示，7 个环都在柄上时用 1010101 表示。由于从一个状态变到另一状态所需步数等于相应 2 个二进制数之差，因此解七连环所需步数 $N=2^6+2^4+2^2+1$，即 85。同理，对于有奇数 $n=2m+1$ 个环的情况，所需步数为

$$N=(2^{2m}+2^{2m-2}+\cdots+2^2+1)=\frac{1}{3}(2^{2m+2}-1)$$

$$=\frac{1}{3}(2^{n+1}-1)$$

对于有偶数 $n=2m$ 个环的情况，所需步数为

$$N=(2^{2m-1}+2^{2m-3}+\cdots+2^3+2)=\frac{1}{3}(2^{2m+1}-2)$$

$$=\frac{1}{3}(2^{n+1}-2)$$

至此，对慢速解法关系式（8.2）的证明就完成了。

对快速解法关系式（8.1）我们用归纳法加以证明。假设有如图 8-7 所示的 A，B，C，D，…，K，L，M 共 n 个环，柄钗也在右端，M 为 1 号，L 为 2 号，…，B 为 $n-1$ 号，A 为 n 号，用 u_k（$k\leqslant n$）表示为了将从 1 号起，直至 k 号止的 k 个环全都从柄上解下最少需要的步数。图 8-7 中，Ⅰ是初始情况，n 个环都在柄上，为了将第 n 个环（即 A 环）解下，由解九连环规则可知，它的前一个状态必定像Ⅱ那样，即 A，B 在柄上，其余全部在柄下。而为了到达Ⅱ，至少需要 u_{n-2}步。下一步解下 A 环后到

达状态Ⅲ，总的走步数为 $u_{n-2}+1$。同理可知，从状态Ⅲ出发，为了解下 B 环，在走步中间阶段，必然要经过状态Ⅳ。事实上，为了解下 B，C 又必须在柄上，这就应该有状态Ⅴ，即 C，D 在柄上，E，F，G，…都在柄下，因为只有在这种状态下，才有可能操作 C 使 C 套上。

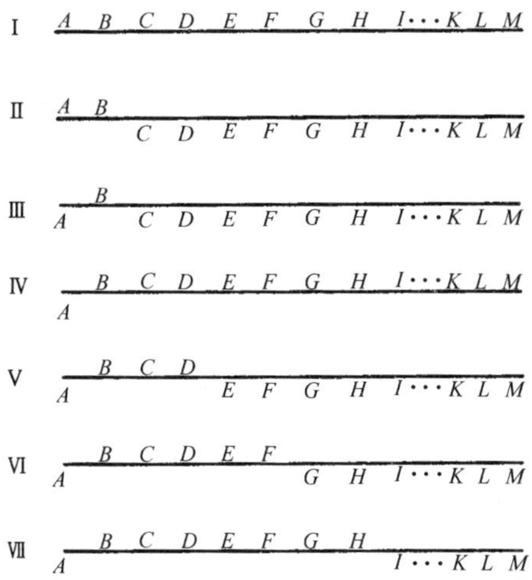

Ⅰ A B C D E F G H I…K L M

Ⅱ A B / C D E F G H I…K L M

Ⅲ B / A C D E F G H I…K L M

Ⅳ B C D E F G H I…K L M / A

Ⅴ B C D / A E F G H I…K L M

Ⅵ B C D E F / A G H I…K L M

Ⅶ B C D E F G H / A I…K L M

图 8-7　快速解法关系式的证明

依此类推可知，为了取下 D，其前必有状态Ⅵ，即 E，F 在柄上，G，H，…都在柄下；而为了取下 F，又必须经过状态Ⅶ，即 G，H 在柄上，而 I，…都在柄下；如此等等，这样就证明了为了解下 B，状态Ⅳ是不可避免的。

由图可见，从状态Ⅲ变到状态Ⅳ至少需要 u_{n-2} 步，因为这是从状态Ⅳ变到状态Ⅲ的逆变换。而从状态Ⅳ出发把所有柄上的环 B，C，D，…，K，L，M 解下可以看做是解 $n-1$ 个环的九连环，所需步数应为 u_{n-1}，这样，我们就有

$$u_n = u_{n-2} + 1 + u_{n-2} + u_{n-1} = u_{n-1} + 2u_{n-2} + 1 \qquad (8.3)$$

这个等式中的前两项 $u_{n-2}+1$ 是从初始状态Ⅰ到状态Ⅲ所需要步数，第三项 u_{n-2} 是从状态Ⅲ到状态Ⅳ所需步数，第四项 u_{n-1} 是把状态Ⅳ看做解 $n-1$ 个环的九连环所需的步数。

因为在快速解法条件下，$u_1=u_2=1$，根据式（8.3），我们有

$$u_3 = u_2 + 2u_1 + 1 = 4$$

$$u_4 = u_3 + 2u_2 + 1 = 7$$
$$u_5 = u_4 + 2u_3 + 1 = 16$$

利用数学归纳法就可以得到解 n 个环的九连环所需步数的一般公式

$$u_n = \frac{1}{2}[2^n - 1 - (-1)^n] \tag{8.4}$$

当 n 为奇数或偶数时，式（8.4）就变为式（8.1）中对应的两个公式了。证明完毕。

20 世纪 70 年代早期，美国加州一家生产玩具（其中包括九连环）的名为“Watson Products”的老板杰西·华生（Jesse R. Watson）提出了下面这样一个问题：假设有 n 个环的九连环的初始状态是只有最靠近柄端的最后一个环在柄上，所有其他的环都在柄下，问解开这个九连环需要多少步?

在回答这个问题之前，让我们先把初始状态条件变一下，变成只有最靠近柄钗的第一个环在柄上，所有其他的环都在柄下，问解开这个九连环，需要多少步？我想，几乎所有的读者都会不假思索地说，那不简单啊，只要一步，把 1 号环从柄上取下，整个九连环就解开了。是的，这没有错，因此可以把这个初始状态叫做“最轻松”（minimum effort）的状态。现在回到华生的问题上来，如果我说，这是和刚才的状态恰恰相反的状态，是“最费劲”（maximum effort）的状态，如果用慢速解法的话，需要 2^n-1 步，对于 $n=9$，那么需要 511 步，比从 9 个环都在柄上时解开它要多出 170 步。恐怕不少读者都会十分吃惊，觉得不可思议吧!

是的，没有错。只有最后一个环在柄上，比所有环都在柄上难解!其实道理很简单：为了把最后一个环（n 号环）从柄上解下来，根据解九连环的规则，它前一个环（$n-1$）号环，必须在柄上。但在初始状态中，$n-1$ 号环在柄下，所以先要把它套上来。而为了把 $n-1$ 号环从柄下套到柄上，根据规则，它的前一个环（$n-2$ 号环）又必须在柄上。但在初始状态中，$n-2$ 号环也在柄下，所以又先要把它套上来，……如此递推，为了把 n 号环解下来，先要把（$n-1$）到 1 号各个环全部先套回到柄上来，恢复到正常解九连环时的初始状态，然后才能按前面的解法解开这个九连环。这个过程其实我们前面在证明快速解法的关系式

(8.1) 的时候已经论证过了，也就是在图 8-7 中，从状态Ⅲ（B 环在柄上，B 以下的所有环都在柄下）出发，要解开这个环，状态Ⅳ（B，C，D，…各环都在柄上）是不可避免的。这样，为了从初始状态（只有 n 号环在柄上）出发，完成把它解开的任务所需的步数等于解两个九连环——一个有 n 个环，一个有 $n-1$ 个环——的步数之和，也就是说，所需步数 N 为

$$N=\frac{1}{3}(2^{n+1}-1)+\frac{1}{3}(2^n-2),\quad \text{当 } n \text{ 为奇数}$$

$$N=\frac{1}{3}(2^{n+1}-2)+\frac{1}{3}(2^n-1),\quad \text{当 } n \text{ 为偶数}$$

把这两个关系式化简，都获得

$$\begin{aligned}N&=\frac{1}{3}(2^{n+1}+2^n-3)\\&=\frac{1}{3}(2^n\cdot 2+2^n-3)\\&=\frac{1}{3}(2^n\cdot 3-3)=2^n-1\end{aligned}$$

形如（2^n-1）的素数我们在《幻方及其他——娱乐数学经典名题》中已经见过了，它有个名称叫梅森尼数（Mersenne number），易知 n 必定为素数。目前人类已知的最大素数就是梅森尼数（但是 n 为素数时，（2^n-1）却不一定是素数，这是需要注意的）。

8.6 九连环与格雷码

在 8.5 节对九连环解法的分析中，我们已经看到了九连环中所蕴含的一些数学问题。但是九连环中所蕴含的最基本、最重要的数学问题是：它的解法中蕴含着对现代通信技术十分重要的格雷码的基本原理。

关于格雷码，我们在《幻方及其他——娱乐数学经典名题》的第二十一章“梵塔问题透视”中已经介绍过，这里简要重述一下。

格雷码（Gray code）又叫循环码（cyclic code）或反射码（reflected code），是美国贝尔实验室的数学家弗兰克·格雷在第二次世界大战期间为解决采用脉码调制方式 PCM（pulse code modulation）的无线电通信中，由于线路间的脉冲干扰严重而造成误码率太高这一问题提出的。格雷码的特点是：在计数过程中，任何相邻的 2 个码只有一个数位

不同，而且其差的绝对值总是 1。格雷码可用于任意基数的数制中，当然，最简单的是二进制的格雷码，一位二进制格雷码中只有 2 个数，即 0 和 1；二位二进制格雷码有 4 个数，即 00，01，11，10；三位二进制格雷码中有 8 个数，即 000，001，011，010，110，111，101，100。注意，任意相邻 2 数，包括头、尾 2 数之间都只有一位不同，循环码的名称即由此而来。

格雷码之所以在通信（以及其他场合）获得广泛应用，原因有二，一是因为相邻码只有一位发生变化，也就是任一时刻只有一根线上有脉冲，干扰减少，使通信的出错率大大降低；二是因为码的生成和变换比较简单，有法则可循。例如，把二进制数变换为二进制格雷码的法则如下：从最右边一位开始逐位往前检查，如果该位左边一位是 0，则该位保持原样不变；如果该位左边一位是 1，则将该位变个个，即 0 变 1，1 变 0（对于最左边那位，认为其左侧为 0，因此总是保持不变）。根据这个规则，二进制数 110111 变为格雷码为 101100。

把格雷码变为原来的码的法则如下：仍从最右边位开始检查，如果该位左边所有位的数字和为偶数，则该位维持不变；如果和为奇数，则将该位变个个，即 0 变 1，1 变 0。根据该法则，格雷码 101100 就可恢复为原来的二进制数 110111。

至于把格雷码叫做反射码是由于二进制格雷码的生成过程反映了一种有趣的反射性。图 8-8 是表示 0 到 42 的二进制格雷码，它从一位的格雷码 0，1 出发，往下添加与之对称（也就是具有镜像反射性质）的 1，0，形成 0，1，1，0 序列，然后在前二者之前加 0，后二者之前加 1，就获得了二位格雷码 00，01，11，10（图中省略了前置 0，下同），这 4 个 2 位格雷码连同其镜像反射 10，11，01，00，分别在前一半 4 个前加 0，后一半 4 个前加 1，就又获得了三位格雷码。依此类推，即可获得任意长度的二进制格雷码。

好了，任意 2 个相邻格雷码之间总是只有一位不同；而我们知道，解九连环过程中，每一步总是只能将其中的一个环取下或套上，也就是说，相邻 2 个状态之间，总是只有一个环的状态发生变化（上→下，或下→上），两者何其相似乃尔！而如果我们把图 8-8 中的前置 0 都添上，把六连环的状态用 6 位二进制表示，在柄上的环表为 1，在柄下的环表为 0（或者相反也可），那么把六连环从 000000 变为 111111 的全过程恰好同图 8-8 中表示 0 到 42 的二进制格雷码完全一致！图 8-9 给出解六连环的前五步与格雷码的对应关系。

0	0	21	11111
1	1	22	11101
2	11	23	11100
3	10	24	10100
4	110	25	10101
5	111	26	10111
6	101	27	10110
7	100	28	10010
8	1100	29	10011
9	1101	30	10001
10	1111	31	10000
11	1110	32	110000
12	1010	33	110001
13	1011	34	110011
14	1001	35	110010
15	1000	36	110110
16	11000	37	110111
17	11001	38	110101
18	11011	39	110100
19	11010	40	111100
20	11110	41	111101
		42	111111

图 8-8　表示 0～42 的二进制格雷码

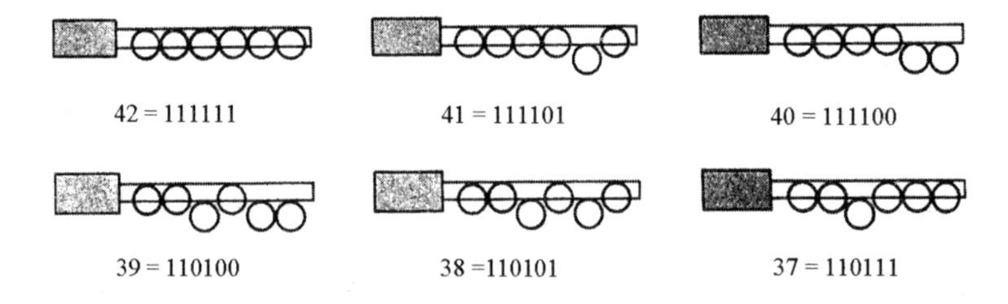

图 8-9　利用格雷码解六连环的前几步

至此，人们不禁要提出这样的问题：格雷是否是在九连环的启发下发明他的格雷码的？期望对这个问题做出肯定回答是有理由的，因为九连环在中国已有至少 800 年的历史，传到西方也好几百年了，不少数学家在著作中介绍过九连环，最早可追溯到 1550 年意大利数学家卡旦（Girolamo Cardano）的 *De Subtilitate Rerum*，而格雷就是学数学和搞数学的，不大可能没有读到过任何有关九连环的文献。遗憾的是，格雷本人在谈到自己的发明时从来没有提起过九连环，因此我们不能强加于人，只能作为一种猜测、一种可能性提出问题存疑。

换一个角度来考虑问题，那么二进制格雷码为我们玩九连环、解九连环提供了一个最佳的工具。我们的先人曾经总结解九连环的经验，概括为三句口诀：

①一二一三一二一；

②钗头双连下第二；

③独环在钗上后环。

或者概括为以下口诀：

上俩下一个，再动后一个，

上一个下俩，再动后一个。

这些口诀对于绝大多数人来讲，无异于一部天书；即使对于弄通了它的意思的人，在实际操作中恐怕也难免还要出错。现在好了，你只要准备好一张 9 位的二进制格雷码的表，按照它的指示去操作，保证能很快解开九连环，或者还原九连环了。我们前面介绍的姜长英教授的解法实际上也是根据格雷码编制出来的。

除了提供解九连环的方法之外，8.5 节中我们所讨论的有关九连环的一切数学问题，也都可以通过格雷码的表格获得解释：

解有 n 个环的九连环所需步数，就是格雷码表中从 000…变到 111…所代表的数。而格雷码 111…所对应的普通二进制码（即 8421 码）根据变换规则一定是 1010…10（当 n 为偶数）或 1010…101（当 n 为奇数），它们所对应的十进制数就是$\frac{1}{3}$（$2^{n+1}-2$）或$\frac{1}{3}$（$2^{n+1}-1$）。而慢速解法与快速解法所需步数之差 d（不管环是奇数还是偶数）都为

$$d=\frac{1}{3}(2^{n+1}-1)-2^{n-1}=\frac{1}{3}(2^{n-1}-1)$$

这个数就是格雷码表中从 000…到 111…之间末尾 2 位从同为 11 变到同为 00 和从同为 00 变到同为 11 的变换次数。以 $n=6$ 为例，从图 8-6 中我们看到，在 000000 到 111111 之间，这样的变换共发生了 11 次，因此六连环的慢速解法所需步数为$\frac{1}{3}$（2^7-2）$=42$，快速解法为 $2^5-1=31$，

相差步数正是11。

到这里，我们也明白了格罗斯在证明慢速解法关系式时为什么要把在柄上的环从左到右轮流取值为1和0的原因了。

有n个环的九连环，当最靠近柄把的最后那个n号环在柄上，其他所有环都在柄下时，为什么是“最费劲”的状态，通过格雷码表也就很容易解释了。一张完整的n位格雷码的表是从000…000开始，而以100…000结束的，共2^n个状态，代表0到2^n-1，最后一个状态和第一个状态之间，只在最高位上差1。当达到末状态之后，再来一个计数脉冲，状态就又变回000…000，开始第二次循环，所以格雷码又叫循环码。九连环处在“最费劲”的状态时要解开它，相当于格雷码从表尾一直跑到表头，需要2^n-1步，而通常的解九连环初态是n个环全在柄上，相当于从格雷码的中间111…111出发，只要跑“半程”（实际上是约2/3路程）就到头了，当然没有那么“费劲”。至此，我们也发现了一个问题：九连环解法与格雷码之间有严格的对应关系，但就两者的性质而言，它们是不同的：格雷码是可以循环，是头尾相连的；而九连环是不可以循环的，解到末状态之后，不可能一步恢复到初始状态；或者说，九连环只能往复着玩，从环全在柄上，玩到环全部脱下，或者从环全部脱下玩到环全部装上，而这只是“半程”玩法，“全程”玩法是从只有最后一个最靠近柄把的环在柄上，玩到环全部脱下，或者从环全部脱下玩到只有最后一个最靠近柄把的环在柄上。

知道了九连环与格雷码之间的对应关系之后，如果我们给出图8-10十二连环的四个初始状态，问从这些状态出发，要把所有的环都装上环柄，或者要把所有的环都从环柄上卸下，最快捷的路径是什么，各要多少步，大概就都不是难事了。要判断这四个状态中，哪个状态是“最费劲”的，哪个状态是“最轻松”的，也是容易的。

在《幻方及其他——娱乐数学经典名题》的第二十一章中，我们介绍了格雷码，梵塔问题，哈密顿通路，关于在国际象棋的64格棋盘上依次放1粒麦子、2粒麦子、4粒麦子、8粒麦子、……这样一个传说故事之间的关系，说明它们两两之间各在某个方面是“同构”的(isomorphic)。现在，九连环也可以参加到这个行列中来了，可以和梵塔的移金盘，国际象棋棋盘中放麦子这些问题作类比了。比如，有n个

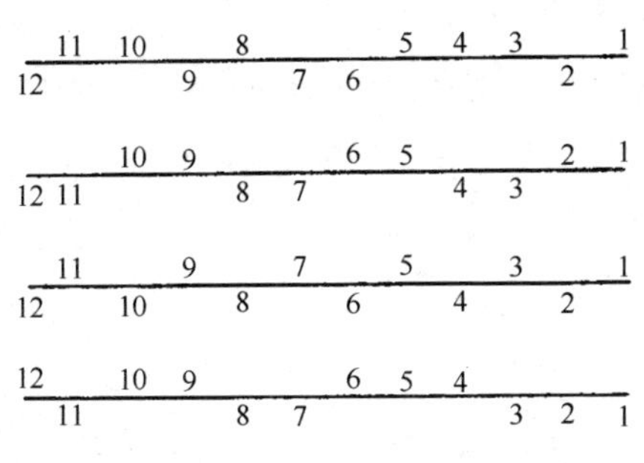

图 8-10 十二连环的 4 个初始状态

环的九连环的“全程”玩法的总步数和 n 个金盘梵塔移动金盘的总次数以及 n 个方格的棋盘上的麦粒的总数是相等的，都等于 2^n-1；在解九连环过程中，1 号环套上、取下的次数是最多的，每 2 步中总有 1 步是对 1 号环操作的；2 号环次之，每 4 步中有 1 步是对它操作的；3 号环再其次，每 8 步有 1 步是对它操作的；……这与梵塔移动金盘的规律类似，每 2 步中有 1 步是移 1 号盘的，每 4 步中有 1 步是移 2 号盘的，每 8 步中有 1 步是移 3 号盘的，如此等等。

8.7 千变万化的九连环

由于金属丝的柔软性，易于改变形状，因此出现了形形色色、千奇百怪的环类玩具。我们前面讨论的九连环仅仅是九连环中最普通、最典型的一种，即所谓“栅栏式”九连环，还有许多其他形状的九连环。这些构思奇特、造型优美的环类玩具本身是智慧的结晶，同时它们也是打开智慧之门的钥匙，即使在电脑游戏、网络游戏盛行的今天，仍然是值得大力提倡的。限于篇幅，我们这里只介绍以下 3 个环类玩具，即歧中易、鼎环和寿环，以见一斑。对更多环类玩具感兴趣的读者可参阅以下几本书籍：

俞崇恩、张卫：千变万化的九连环，中国少年儿童出版社，2002

周伟中：巧解九连环，金盾出版社，2003

周末：民间智力玩具，农村读物出版社，1999

1. 歧中易

歧中易是环类玩具中最古老的一种。其结构如图 8-11 所示，由梁

PQ，套在梁上由连杆相接的两个环 h 和 h'，以及挂在杆上的钗 H 构成。解歧中易要求用尽可能少的步骤把钗从结构中脱出，或相反，从脱离状态挂到连杆上去。乍一看，这似乎是不可能实现的。但如果你掌握了歧中易结构中的秘密，完成这个任务就变得易如反掌了。这大概是歧中易这个名称的由来。

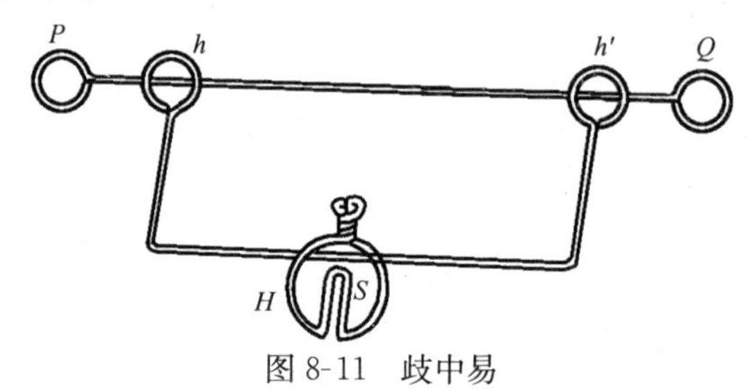

图 8-11　歧中易

歧中易结构的秘密在于：梁柄 P，Q 虽然不能从环 h 和 h'中透过，但它们可“扁着”从钗芯 S 间透过；而钗芯 S 又刚刚能穿过 h，h'。这样，解歧中易只需要完成以下 3 个动作：

（1）穿环 A_h：将钗芯 S 穿入环 h，如图 8-12（a）的左侧所示。

（2）透柄 B：将梁柄 P（或 Q）从钗芯 S 间透过，如图 8-12（b）所示。

（3）退环 A'_h：将在环 h 中的钗芯退出。

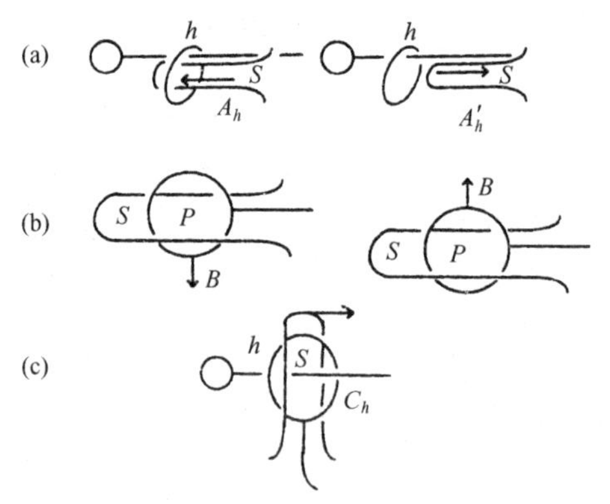

图 8-12　解歧中易的动作示意图

你看多简单！

以上是一阶歧中易的情况。如果在连杆上再套 1 个、2 个、……连杆，把钗套在最后那个连杆上，那就变成二阶、三阶、……歧中易了。解 n 阶歧中易时，基本动作还是以上 3 个，但要增加一个别钗的动作

C_h，即将环 h 从钗 H 的钗芯 S 间别过，如图 8-12（c）所示。杨之和宋健在“妙趣横生的歧中易数列”一文（见《中学数学》2000 年 12 期）中详细讨论了 n 阶的歧中易，我们这里就不多作介绍了。

在图 8-11 中，连杆是做成槽形的，钗是做成桃形的。这可以有多种多样的拓扑变形。比如在国外有把连杆做成弧形，把钗做成马蹄形，或者说像一条宽松裤似的，如图 8-13。德国的玩具商在 1915 年左右曾推出一种大受欢迎的叫“被抓住的心”（the caught heart）的玩具，如图 8-14（a）所示，其解法说明如图 8-14（b）。这显然也是歧中易的变形。

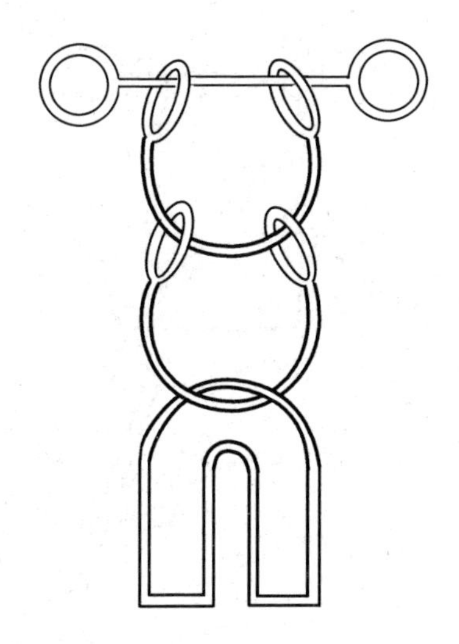

图 8-13　宽松裤式的歧中易

图 8-14　玩具“被抓住的心”

如果把歧中易的钗改成一个长套，那么它就变成了我们前面提到过的孔明锁（二级孔明锁）了。孔明锁的解法示意见图 8-15。

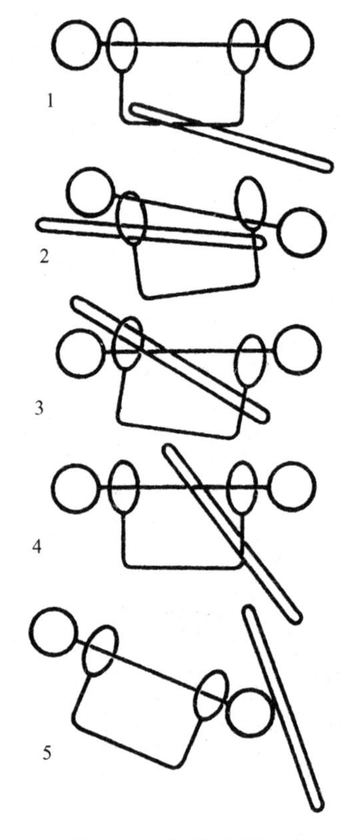

图 8-15　孔明锁的解法

2. 鼎环

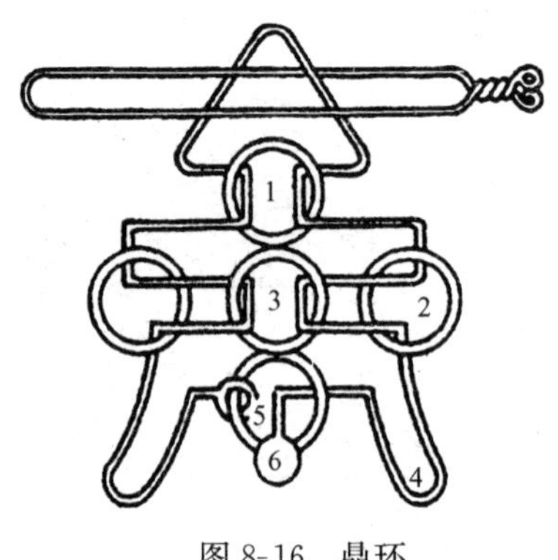

图 8-16　鼎环

鼎环的结构如图 8-16 所示，在绕成“鼎”字形的铁丝的几个部位上套有圆环。要求把套在鼎的顶端的柄钗从结构中解脱出来。参考解法如下：

将钗的顶端顺序穿过 1，3，2，5 四个圆环，再套过 6 以后，从圆环 5 中退出，再套过鼎脚 4，先后从 2，3 号圆环中退出，重又穿过圆环 2，套过鼎脚 4，穿进圆环 5，套过 6，又再次从圆环 5 中退出，重又套过鼎脚 4 和圆环 2，就可以使柄钗从圆环 1 中退出，从结构中解脱了。

3. 寿环

寿环的结构和玩法同鼎环相似，但主体做成“寿”字形，如图 8-17 所示，参考解法如下：

将钗的顶端穿过 2，1，4，3，套过 5，6，退出 3，套过 6，5，3，退出 1，2，穿过 1，套过 5，6，3，穿过 3，套进 6，5，退出 3，穿进 4，3，套进 5，6，退出 3，4，1，穿进 4，3，套过 6，5，退出 3，4，穿进 3，套过 6，5，退出 3，再套过 6，5，柄钗就被解脱了。

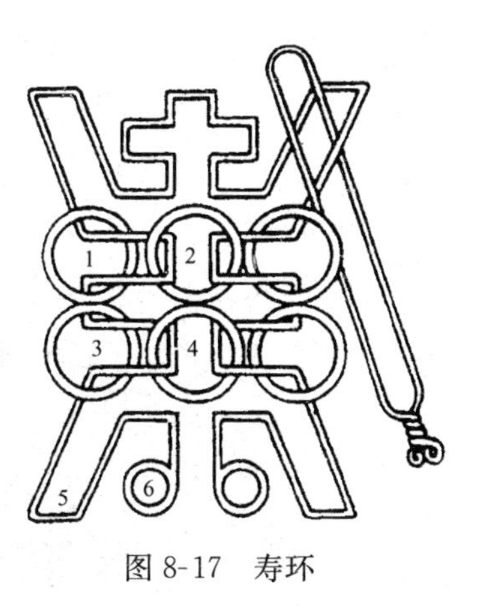

图 8-17　寿环

8.8　九连环的应用

九连环作为一种智力玩具，并没有多大实用价值，虽然像爱因斯坦那样的大科学家都非常喜爱它，把它作为锻炼和使自己的思维保持敏锐的工具而经常玩它。但据历史资料显示，九连环诞生之初，由于它的难解性，曾经被当作锁具应用，用来锁门、锁箱子等。如图 8-18 所示，把环柄穿过锁鼻子，把环都套上，门或箱子就被锁上了。对于不知道解九连环规则的人来说，这扇门或这个箱子是他永远无法打开的，在这里，九连环起了一把“密码锁”的作用。当然了，由于解九连环必须经过一定的步数，主人自己要打开这个锁也需要耗费一定的时间，不太方便；再加上解九连环有一定的规律，你不能保证你所不欢迎的“不速之客”一定不知道这个规律，因此九连环的这一功能随着各式各样实用锁具的诞生而自然湮灭了。

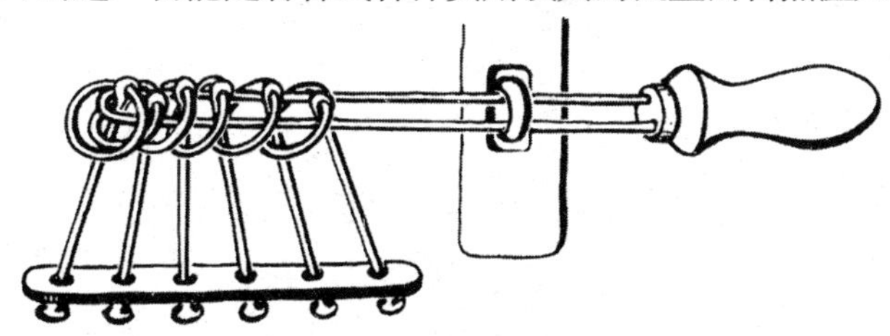
图 8-18　九连环用作锁具

聪明的魔术师想到了把九连环用在表演“逃逸术”上，据马丁·伽德纳在*Knotted Doughnuts and Other Mathematical Entertainments*中介绍，洛杉矶的一个名叫西奥多·布鲁诺（Theodore P. Brunner）的魔术师在20世纪20年代就发明了这样的大型魔术，并取得了美国1625452号专利，如图8-19所示。舞台上一个美丽女郎被许多镣铐捆住了双手、双腿，然后通过类似于解九连环的方法把女郎解脱出来。据伽德纳介绍，美国的《科学和发明》杂志（*Science and Invention*）1927年9月号上专门介绍了这一“不可思议的逃逸戏法”（marvelous escape trick）。可惜，也许是因为受专利保护，文章没有详细说明逃逸到底是怎样实现的。

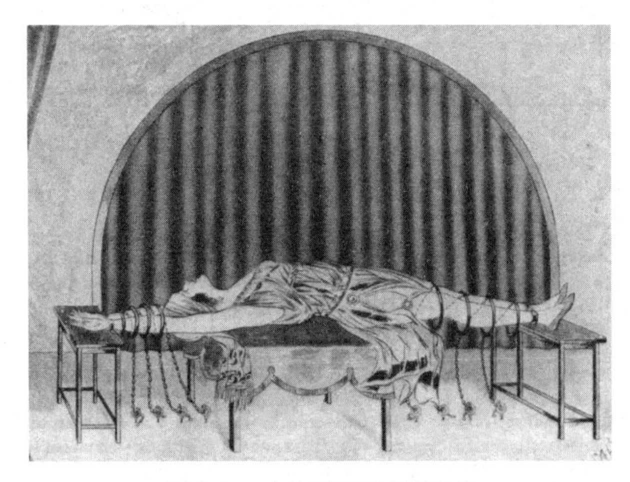

图8-19　九连环用于表演魔术

作为本章的结束，我们给出9位格雷码表，同时也是九连环状态表。有了这张表，解九连环（以及少于9个环的连环）就都没有问题了。至于对多于9个环的连环，那么只要按照我们前面介绍的镜像反射的方法对这张表进行扩充，对读者来说应该不是什么难事。

9位格雷码表（九连环状态表）

序号	状态	序号	状态
0	000000000	4	000000110
1	000000001	5	000000111
2	000000011	6	000000101
3	000000010	7	000000100

序号	状态	序号	状态
8	000001100	38	000110101
9	000001101	39	000110100
10	000001111	40	000111100
11	000001110	41	000111101
12	000001010	42	000111111
13	000001011	43	000111110
14	000001001	44	000111010
15	000001000	45	000111011
16	000011000	46	000111001
17	000011001	47	000111000
18	000011011	48	000101000
19	000011010	49	000101001
20	000011110	50	000101011
21	000011111	51	000101010
22	000011101	52	000101110
23	000011100	53	000101111
24	000010100	54	000101101
25	000010101	55	000101100
26	000010111	56	000100100
27	000010110	57	000100101
28	000010010	58	000100111
29	000010011	59	000100110
30	000010001	60	000100010
31	000010000	61	000100011
32	000110000	62	000100001
33	000110001	63	000100000
34	000110011	64	001100000
35	000110010	65	001100001
36	000110110	66	001100011
37	000110111	67	001100010

序 号	状 态	序 号	状 态
68	001100110	98	001010011
69	001100111	99	001010010
70	001100101	100	001010110
71	001100100	101	001010111
72	001101100	102	001010101
73	001101101	103	001010100
74	001101111	104	001011100
75	001101110	105	001011101
76	001101010	106	001011111
77	001101011	107	001011110
78	001101001	108	001011010
79	001101000	109	001011011
80	001111000	110	001011001
81	001111001	111	001011000
82	001111011	112	001001000
83	001111010	113	001001001
84	001111110	114	001001011
85	001111111	115	001001010
86	001111101	116	001001110
87	001111100	117	001001111
88	001110100	118	001001101
89	001110101	119	001001100
90	001110111	120	001000100
91	001110110	121	001000101
92	001110010	122	001000111
93	001110011	123	001000110
94	001110001	124	001000010
95	001110000	125	001000011
96	001010000	126	001000001
97	001010001	127	001000000

序 号	状 态	序 号	状 态
128	011000000	158	011010001
129	011000001	159	011010000
130	011000011	160	011110000
131	011000010	161	011110001
132	011000110	162	011110011
133	011000111	163	011110010
134	011000101	164	011110110
135	011000100	165	011110111
136	011001100	166	011110101
137	011001101	167	011110100
138	011001111	168	011111100
139	011001110	169	011111101
140	011001010	170	011111111
141	011001011	171	011111110
142	011001001	172	011111010
143	011001000	173	011111011
144	011011000	174	011111001
145	011011001	175	011111000
146	011011011	176	011101000
147	011011010	177	011101001
148	011011110	178	011101011
149	011011111	179	011101010
150	011011101	180	011101110
151	011011100	181	011101111
152	011010100	182	011101101
153	011010101	183	011101100
154	011010111	184	011100100
155	011010110	185	011100101
156	011010010	186	011100111
157	011010011	187	011100110

序　号	状　态	序　号	状　态
188	011100010	218	010110111
189	011100011	219	010110110
190	011100001	220	010110010
191	011100000	221	010110011
192	010100000	222	010110001
193	010100001	223	010110000
194	010100011	224	010010000
195	010100010	225	010010001
196	010100110	226	010010011
197	010100111	227	010010010
198	010100101	228	010010110
199	010100100	229	010010111
200	010101100	230	010010101
201	010101101	231	010010100
202	010101111	232	010011100
203	010101110	233	010011101
204	010101010	234	010011111
205	010101011	235	010011110
206	010101001	236	010011010
207	010101000	237	010011011
208	010111000	238	010011001
209	010111001	239	010011000
210	010111011	240	010001000
211	010111010	241	010001001
212	010111110	242	010001011
213	010111111	243	010001010
214	010111101	244	010001110
215	010111100	245	010001111
216	010110100	246	010001101
217	010110101	247	010001100

序号	状态	序号	状态
248	010000100	278	110011101
249	010000101	279	110011100
250	010000111	280	110010100
251	010000110	281	110010101
252	010000010	282	110010111
253	010000011	283	110010110
254	010000001	284	110010010
255	010000000	285	110010011
256	110000000	286	110010001
257	110000001	287	110010000
258	110000011	288	110110000
259	110000010	289	110110001
260	110000110	290	110110011
261	110000111	291	110110010
262	110000101	292	110110110
263	110000100	293	110110111
264	110001100	294	110110101
265	110001101	295	110110100
266	110001111	296	110111100
267	110001110	297	110111101
268	110001010	298	110111111
269	110001011	299	110111110
270	110001001	300	110111010
271	110001000	301	110111011
272	110011000	302	110111001
273	110011001	303	110111000
274	110011011	304	110101000
275	110011010	305	110101001
276	110011110	306	110101011
277	110011111	307	110101010

序号	状态	序号	状态
308	110101110	338	111111011
309	110101111	339	111111010
310	110101101	340	111111110
311	110101100	341	111111111
312	110100100	342	111111101
313	110100101	343	111111100
314	110100111	344	111110100
315	110100110	345	111110101
316	110100010	346	111110111
317	110100011	347	111110110
318	110100001	348	111110010
319	110100000	349	111110011
320	111100000	350	111110001
321	111100001	351	111110000
322	111100011	352	111010000
323	111100010	353	111010001
324	111100110	354	111010011
325	111100111	355	111010010
326	111100101	356	111010110
327	111100100	357	111010111
328	111101100	358	111010101
329	111101101	359	111010100
330	111101111	360	111011100
331	111101110	361	111011101
332	111101010	362	111011111
333	111101011	363	111011110
334	111101001	364	111011010
335	111101000	365	111011011
336	111111000	366	111011001
337	111111001	367	111011000

序 号	状 态	序 号	状 态
368	111001000	398	101001001
369	111001001	399	101001000
370	111001011	400	101011000
371	111001010	401	101011001
372	111001110	402	101011011
373	111001111	403	101011010
374	111001101	404	101011110
375	111001100	405	101011111
376	111000100	406	101011101
377	111000101	407	101011100
378	111000111	408	101010100
379	111000110	409	101010101
380	111000010	410	101010111
381	111000011	411	101010110
382	111000001	412	101010010
383	111000000	413	101010011
384	101000000	414	101010001
385	101000001	415	101010000
386	101000011	416	101110000
387	101000010	417	101110001
388	101000110	418	101110011
389	101000111	419	101110010
390	101000101	420	101110110
391	101000100	421	101110111
392	101001100	422	101110101
393	101001101	423	101110100
394	101001111	424	101111100
395	101001110	425	101111101
396	101001010	426	101111111
397	101001011	427	101111110

序　号	状　态	序　号	状　态
428	101111010	458	100101111
429	101111011	459	100101110
430	101111001	460	100101010
431	101111000	461	100101011
432	101101000	462	100101001
433	101101001	463	100101000
434	101101011	464	100111000
435	101101010	465	100111001
436	101101110	466	100111011
437	101101111	467	100111010
438	101101101	468	100111110
439	101101100	469	100111111
440	101100100	470	100111101
441	101100101	471	100111100
442	101100111	472	100110100
443	101100110	473	100110101
444	101100010	474	100110111
445	101100011	475	100110110
446	101100001	476	100110010
447	101100000	477	100110011
448	100100000	478	100110001
449	100100001	479	100110000
450	100100011	480	100010000
451	100100010	481	100010001
452	100100110	482	100010011
453	100100111	483	100010010
454	100100101	484	100010110
455	100100100	485	100010111
456	100101100	486	100010101
457	100101101	487	100010100

序号	状态	序号	状态
488	100011100	500	100001110
489	100011101	501	100001111
490	100011111	502	100001101
491	100011110	503	100001100
492	100011010	504	100000100
493	100011011	505	100000101
494	100011001	506	100000111
495	100011000	507	100000110
496	100001000	508	100000010
497	100001001	509	100000011
498	100001011	510	100000001
499	100001010	511	100000000

09 不可思议的华容道

现在，我们从神奇的九连环中退出，进入被誉为“智力游戏界三大不可思议”之一的华容道。华容道游戏属于滑块类游戏，在西方统称 Sliding Block Puzzle，或 Sliding Piece Puzzle。华容道的棋盘与棋子如图 9-1 所示。长方棋盘上有 10 个棋子，计大方块一个，代表曹操，长方块 5 个，分别代表刘备手下的五虎将，另有小方块 4 个，代表 4 个小卒。游戏要求移动棋子，使曹操移到下端开口处逃脱。其故事见于《三国演义》第五十回“诸葛亮智算华容　关云长义释曹操”，说的是刘备与孙权结盟后，联合抗击曹操，赤壁大战中，周瑜用黄盖的苦肉计和庞统的连环计以及孔明设七星坛“祭来”的东风以火攻大败曹操水军，曹

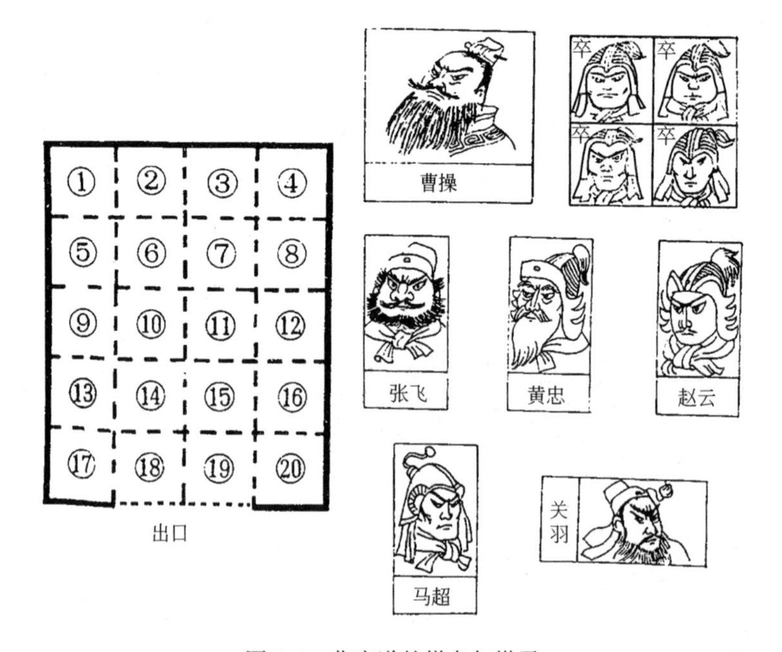

图 9-1　华容道的棋盘与棋子

操落荒而逃；诸葛亮料定曹操逃跑路线，预先命赵子龙率部埋伏在乌林小路树木芦苇处，又命张飞去葫芦谷口埋伏，调兵遣将，最后才让关云长立下军令状去最紧要的隘口华容道守候。事态发展完全在孔明意料之中，关羽到底还是把曹操放走了。这个游戏虽然源于三国故事，但布局上并不同故事完全一致：曹操败走华容道时，刘备还只有关、张、赵三员猛将，黄忠和马超是后来才归降刘备的。

这个游戏除了“不可思议”之外，还有许多“扑朔迷离”之处。首先它的来历就是一个谜，我们先来谈一下这个问题。

9.1 华容道游戏的来历之谜

目前，大家都说华容道是中国最古老的智力游戏之一。笔者认为这个说法是值得商榷的。如果说世界上滑块类游戏的起源是中国的“九宫图”和源于它的“重排九宫”，而华容道是重排九宫的变形之一，这也未尝不可。因为九宫图出现于“河图”、“洛书”的年代，已有数千年历史。但是就华容道游戏本身而言，它发明于何时何地至今也未弄清。据姜长英老先生在《科学思维锻炼与消遣》一书的第 9 节“华容道的历史”中说，“《三国演义》小说已有数百年的历史了，但是华容道玩具的历史，并没有这么古老。从前人的笔记中没有发现有玩具华容道的记载。”姜先生“估计它的历史只不过有几十年”。姜先生自己是 1943 年夏第一次见到这个玩具的。20 世纪 40 年代初，新四军的文化教员梁青曾经整理、研究了苏北地区的民间玩具华容道，向部队战士和群众做推广工作。据说最早见到华容道玩具的是西北工业大学德宽教授，他 1938 年在陕西省城固县的乡下见到过小孩玩纸片做的华容道。而最早的有关华容道游戏的文字资料就出自姜先生 1949 年出版的《科学消遣》一书。此外，崔乐泉所著《忘忧清乐——古代游艺文化》（江苏古籍出版社，2002）一书，根据文字记载和考古发现，对中国自古以来的种种游戏作了详尽介绍，其中包括七巧板和九连环，但惟独没有华容道。从这些情况看，华容道玩具的历史只不过几十年的说法是可信的。那么，它是怎样起源的呢?

笔者收集和阅读了大量中外有关滑块类玩具的资料以后，整理出它发展的大致脉络如下：中国的重排九宫游戏传到西方以后，首先是在 1865 年 10 月，有人把 3×3 的“重排九宫”发展成为 4×4 的“重排十五”(puzzle of fifteen)，如图 9-2 所示，游戏的玩法是将标有 1～15 的 15 个棋子先杂乱地放在棋盘中，然后把它们按大小理顺，使空格在右下角。正是在“重排十五”的基础上，萨姆·洛伊德在 13 年后推出了他的轰动一时的“14～15”智力游戏，并极大地推动了滑块类玩具的发展(图 9-3)。“14～15”游戏中，1～13 都是排好次序的，只有 14 和 15 是颠倒着摆的。洛伊德悬赏 1000 美元奖励能把 14 和 15 重新排好序的人，事实上这个任务是谁也不可能完成的。

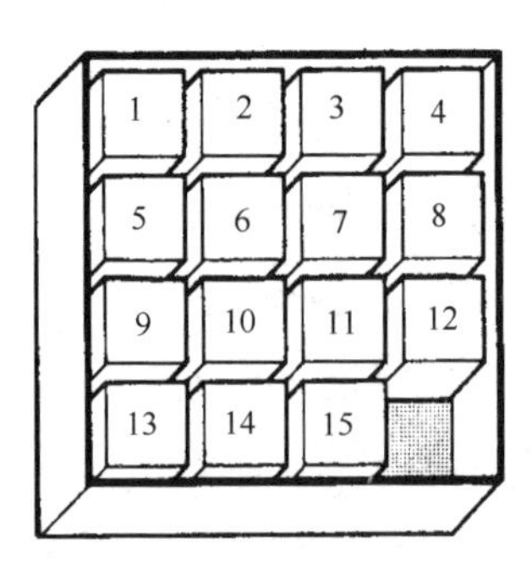

图 9-2 西方最早出现的滑块类游戏——“重排十五”

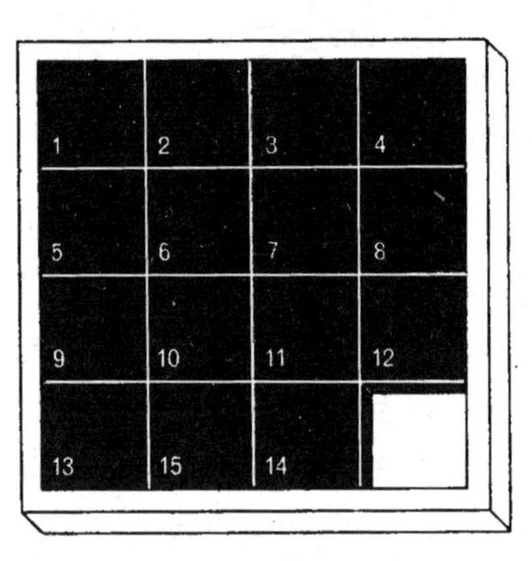

图 9-3 洛伊德的“14～15”玩具

“14～15”玩具以后，出现了许多包括矩形块、L 形块、凸字形块和其他不规则形状滑块的玩具。由于这样的玩具更难使人判断从某一布局到另一布局是否可能，如果可能，应该怎样移动滑块，并使步数最少，因此更加引起人们的兴趣。在这样的玩具中，出现得较早的是由哈代(L. W. Hardy)所发明，并于 1909 年取得专利的所谓“三角旗”游戏(pennant puzzle)，如图 9-4 所示。该玩具由芝加哥的 O. K. Novelty 公司生产。这个玩具中包括 1 个大方块，6 个矩形块，2 个小方块，每个滑块上标有一个大城市的名字。游戏类似于一些城市之间的某种球类联赛，谁能将代表主队的大

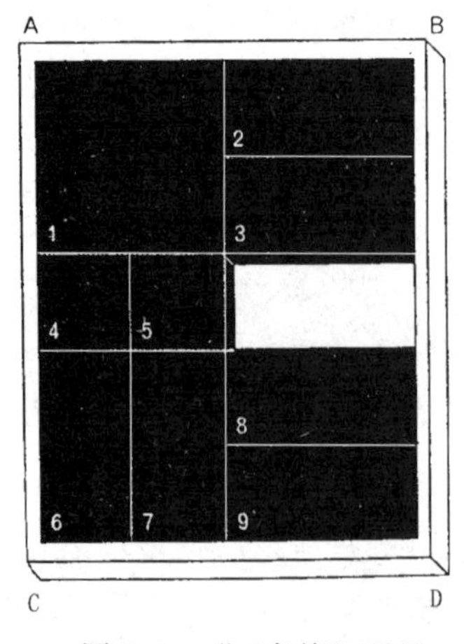

图 9-4 “三角旗”玩具

方块从一个顶角移到另一个顶角算赢。从图 9-4 的初局出发，移到 B 比较容易，移到 D 就比较难，移到 C 则是很难的。

显然，把“三角旗”游戏中的一个矩形块一分为二，就是我们的华容道游戏了。果然，这样的游戏出现了。它最早出现于法国，年代不详，但晚于 1909 年的“三角旗”则是肯定的。其名称是“红鬃烈马”（法文是 l'ane rouge，英文是 red donkey，按说应直译为“红毛驴”）。游戏的目标是使大方块所代表的红鬃烈马冲出重围，从底部开口处逃逸，见图 9-5。

红鬃烈马游戏一经面世，很快在欧洲各国流行开来并出现了许多变种，比如在西班牙，这个游戏被叫做“追捕逃犯”，大方块 A 代表罪犯（reo），1，2，5，8 四个矩形块分别表示检察官（fiscal）、法官（juez）、办案人员（gestor）和市长（alcalde），另一个矩形块 9 以及四个小方块则表示牢笼（jaula）。游戏的初局如图 9-6 所示，终局要求把“罪犯”逼到底部中央，束手就擒，被关进牢笼。

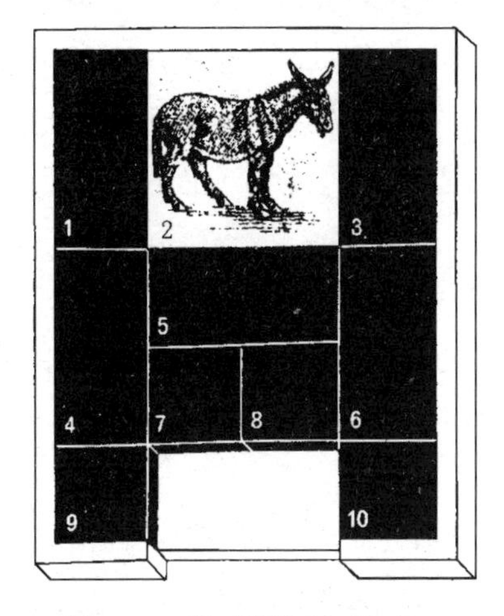

图 9-5　“红鬃烈马”游戏

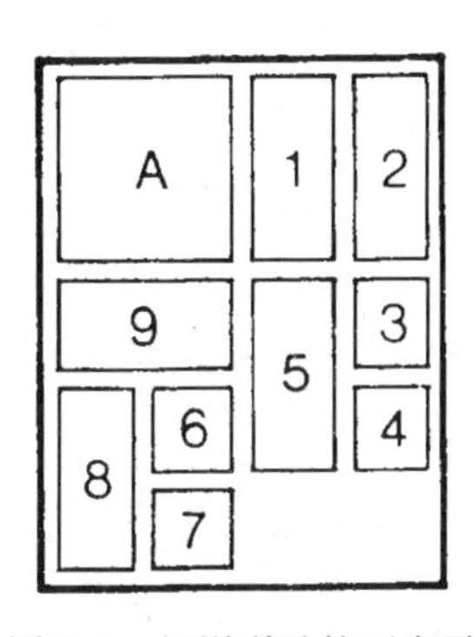

图 9-6　红鬃烈马的西班牙版本——“追捕逃犯”

根据这样一条线索，笔者猜测华容道是从红鬃烈马改名而来的。因为二者的棋盘、棋子，游戏规则和目标完全一样，只是把马改成了曹操，把 5 个矩形块当作 5 虎将，4 个小方块当作 4 个小卒。进入 20 世纪以后，中国闭关自守的局面被打开，西方的传教士、商人、军人大量进入中国，中国也开始向西方派出留学生，红鬃烈马这一玩具被引进并“本地化”是完全可能的事。

总之，笔者认为我们应该实事求是，不要认为什么东西都是我们中国人首创的。在中外交流中，在东西方交流中，中国人的发明创造传到西方，也有西方的发明创造传入中国，这是很正常的事。就“华容道”这一玩具而言，没有资料可以说明是我们中国人发明了它，然后传入西方；相反，根据笔者整理的这一线索，把华容道看做是从西方传入以后本地化的产物，倒是比较合乎事实和逻辑的。

9.2　掌握华容道游戏的规律

滑块类游戏一般没有什么规律，怎样从初局走到终局是一个试探与摸索的过程，这也正是这类游戏引起人们好奇与兴趣之所在。华容道也是这样的。但人们总是希望将无序变为有序，从混沌中找出规律。1952年，数学家许莼舫就作了这样的尝试，他在《数学漫谈》（开明书店出版）一书的“计划和准备”一节中总结了玩华容道游戏的8条规律，很有参考价值。由于该书印刷量不多，又早已绝版，这里把这8条规律摘录出来。由于许莼舫的华容道开口在上方，这虽然并无不可，但与目前流行的华容道相反，为免混乱，我们把它改了过来（上下左右互易）。许莼舫总结的8条规律如下：

（1）4个小兵中，每2个必须常在一起，不得分离。

（2）关公欲向下移，下方须有2个小兵让出横的空档；或原有竖的空档，把竖排的2个小兵改作横排，留下横的空档，让关公下移。欲向上移时类推。

（3）大将欲向左移，左方要有2个小兵让出竖的空档，或由另一大将让出；或原有横的空档，把横排的2个小兵改作竖排，留下竖的空档来让他走。欲向右移类推。

（4）曹操欲向下或向上移时，与（2）同；欲向左或向右移时，与（3）同。

（5）关公欲作上下移动时，不但前面要有2个小兵开路，后面还要紧跟着2个小兵保护。曹操上下移动时亦然，前有2兵拦截，后有2兵追赶。这样前后照顾，才可免去梗塞。

(6) 如图 9-7 (a)，1 大将及 2 小兵在右下或左下的六方寸内，可任意回旋，使各居任何位置。

(7) 如图 9-7 (b)，3 大将及 2 小兵在右半或左半的十方寸内，可任意回旋，而成任何形式。

(8) 如图 9-7 (c)，关公、曹操及 4 小兵在下部的十二方寸内，可任意回旋，循环不已。曹操换成 2 大将也可以，但须常伴不离。

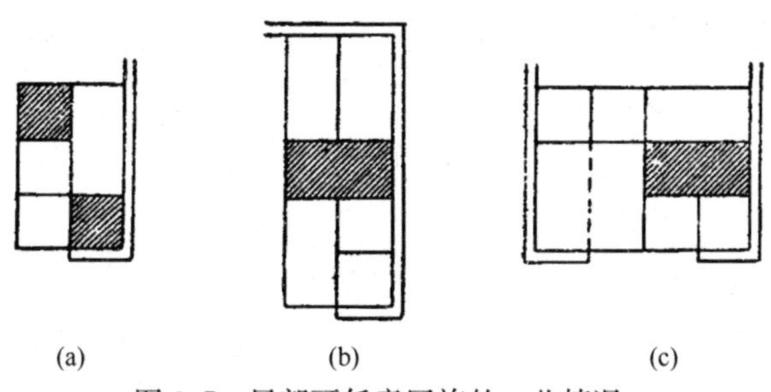

(a) (b) (c)

图 9-7 局部可任意回旋的一些情况

除了上述 8 条规律以外，许莼舫还给出了一条忠告：有计划、有准备，做任何一件事情之先，要深思熟虑。就华容道游戏而言，“你要是没有充分的准备和详密的计划，移来移去，必致到处碰壁。”

许莼舫总结的这 8 条规律和一个忠告，一般来说对解华容道是适用的；但实际操作时要灵活应用，不能太过拘泥，否则也许适得其反。许莼舫自己在书中应用这些规律和事先周密的计划解华容道的典型布局“横刀立马”，从图 9-8 的 (a) 到终局 (b) 用了整整 100 步。而如果不完全遵守这些规则，不死扣计划，随机应变，反而只消 84 步就可完成，这就很能说明问题。这也是华容道“不可思议”之一。我们在 9.3 节中将分析和比较这两种解法。

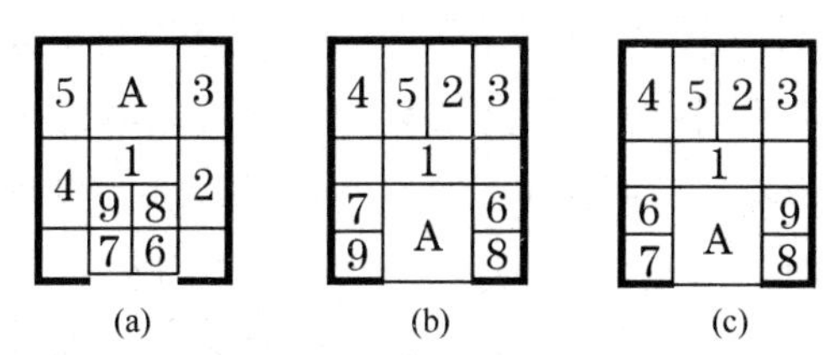

(a) (b) (c)

图 9-8 横刀立马的初局与终局

9.3 华容道典型布局——横刀立马解法详析

为了后面行文的方便，我们以后将大方块标为 A，5 个矩形块标为 1～5，4 个小方块标为 6～9，解法中走哪个棋子，用该棋子的标号表示；对于小方块，有向左、向右、向上、向下以及拐弯、走一格或二格的区别，我们一般不加注明，因为根据“上下文”不难判定，只在必要时用下横线表示只走半程，不走全程。下面先给出两个典型解法。

(1) 横刀立马解法一

4 1 2 8 6 2 8 6 1 9 7 2 6 1 7 9 2 4
6 8 1 9 2 4 5 A 2 9 1 8 6 4 5 9 7 1
6 4 5 9 7 1 6 3 2 6 4 8 3 2 6 4 8 3
2 8 4 6 8 2 3 5 7 1 A 6 8 2 3 4 5 7
9 1 A 8 4 5 A 8 6 4 5 2 3 A 8 1 9 7
A 8 6 1 7 A 8 6 1

(2) 横刀立马解法二

4 1 6 8 2 $\underline{6}$ 8 2 1 9 7 2 6 1 7 9 4 2
6 8 1 9 2 4 5 A 3 7 9 2 3 A 5 4 8 6
1 3 2 8 A 7 9 8 2 3 6 A 7 5 4 A 7 $\underline{9}$
8 2 3 6 7 A 4 5 8 9 2 3 A 9 8 5 4 9
1 7 6 A 8 9 1 6 A 8 9 1

解法一是许先生的解法，从图 9-8 的初局（a）出发，终局是（b），共走 100 步。解法二是通常说的所谓“马丁·伽德纳解法”，也就是著名的“81 步解法”，但为了和解法一比较，我们让开局和终局同解法一一致，因此首末几步有所改变，成了 84 步。终局（c）和（b）一致，但除了 8 号兵以外，其他 3 个兵的最后位置是不同的。这里需要指出的是，“马丁·伽德纳解法”之说是不确切的，因为这个解法是新奥尔良的一个律师托玛斯·莱曼（Thomas B. Lemann）发现的，伽德纳只是在 1964 年 3 月的《科学美国人》杂志上予以公布而已（其中还漏了一步）。因此我们后面将恢复历史的真实面目，把解法二称为“莱曼解法”。

我们看许莼舫的解法和莱曼解法，使曹操首先左移 1 格的前 26 步基本上是一样的。最大的区别是：许莼舫然后为了实现他使曹操下移 1 格的计划，反复利用他的几条规则，用了 39 步才实现这个计划。而莱曼解法却采用“迂回战术”，先用 6 步让曹操回到原位，再用 9 步就使曹操下移了 1 格。这样，虽然同为下移 1 格，二者所用步数却相差了 24 步！当然这之后，许莼舫的路途比较平坦，用 10 步使曹操再下移 1 格，用 4 步和 7 步连续右移 2 格，再用 2 个 5 步下移 1 格和左移 1 格以后，曹操就可以脱身了。而莱曼解法的路途较曲折一些，用 9 步和 7 步使曹操连续下移 2 格之后，要先左移（4 步），再 2 次右移（8 步和 7 步），然后再用 9 步下移 1 格，最后还要用 5 步左移 1 格之后，曹操才能脱身。但由于在第一次使曹操下移上许莼舫解法的消耗太大，在总耗费上仍以 16 步之差输给莱曼解法。

除了“死守计划”这一点以外，许莼舫解法中过于强调了规律（1）：每两个小兵必须常在一起，不得分离，也是造成步数过多的一个原因。在许先生解法中，6，8 两个小兵为一组，7，9 两个小兵为另一组，时刻相伴，直至终局。而在莱曼解法中，开始也是 6，8 为一组，7，9 为另一组的，但在曹操第三次走步，下移 1 格以后，莱曼果断的“破坏”了这一规律，让 8 号小兵进至右上角，6 号小兵撤退至下方，将他们分离，从而赢得了使曹操迅速又下移 1 格的局面。在接下去的棋步中，莱曼将 4 个小兵重新组合，让 6，7 在一起，8，9 在一起，直至终局。可见在规律的运用上大有学问，不遵守规律是不行的，死守规律也要吃亏。

9.4 华容道的开局式

在对华容道的典型开局式——横刀立马的解法进行分析比较以后，我们讨论一下华容道的开局式问题。华容道的“不可思议”之一就是它的多种多样的开局式。开局式不同，解法也就不同，因此，开局式的多样性造成了华容道游戏的变幻莫测，引人入胜。

造成华容道开局式多样性的原因是它有 5 个矩形块，矩形块可以横放，也可以竖放；可以只让一个横放，其他 4 个竖放（就像横刀立马那样），也可以只让一个竖放，其他 4 个横放，或者取其他组合，甚至让 5 个都横放，只有让 5 个都竖放是不可以的。这样，根据有几个矩形块横放，开局式可分一横式、二横式、三横式、四横式、五横式 5 大类。

在每一大类中，除了五横类只有一种可能布局，即 4 个小兵分居曹操 2 侧，5 个矩形块在下方这样一种开局式以外，其他大类每类又都有多种可能开局式。

开局式一般都把曹操置于上方中央，其他矩形块和小方块可任意放置。但如果某一种布局是另一布局经移动若干棋子后形成的，则不认为它是一种合格的开局式。也就是说，两种开局式原则上不应该是“互通的”，即从一种开局式经过移动若干棋子而变成另一开局式。但目前大家公认的开局式之间，存在少数互通的现象，这多数是由于两者之间要经过较多步数的复杂变换，因而被大家认可为 2 种不同的开局式了。

前面我们说，开局式一般都把曹操置于上方中央，其他矩形块和小方块可任意放置。但华容道研究者通常对矩形块和小方块的放置也有要求，即要求它们布置得较有规律，使留下的空格对棋盘的纵轴是对称的，类似于横刀立马那样。

不是任意开局式都能解开的，这是华容道的又一“不可思议”。除了五竖式明显不可解，五横式只有一种可能开局式是可解的以外，从一横式到四横式都有一些不可解的开局式。什么样的开局式可解？什么样的开局式不可解？有多少开局式可解？有多少开局式不可解？至今无人能够明确地回答这些问题。

由于华容道是以三国的战争故事为背景的，所以不少开局式被赋予了生动、形象、直观的名称，使游戏增添了许多乐趣。图 9-9 给出了一横式的一些开局式。从左到右，从上到下，它们分别为：

（1）横刀立马①：这是华容道的基本布局，其特点是左右对称，一只棋子横排，代表关羽立马横刀（当然是著名的青龙偃月刀了），挡住曹操出路，因而得名。

（2）横刀立马②：同横刀立马①类似，但关羽以外的其他 4 员虎将之间各有 1 名小卒。也有人把它叫做“指挥若定”。

（3）将拥曹营：让 4 员虎将团团围住曹操。

（4）齐头并进：让 4 个小卒一路排开，挡住曹操。

（5）兵分三路：将 4 个小卒分成左、中、右 3 路。

（6）雨声淅沥：形容曹操在风雨飘摇中夺路而逃的情景。

（7）左右布兵：将 4 个小卒分布在曹操左右两侧。也有把这种布局

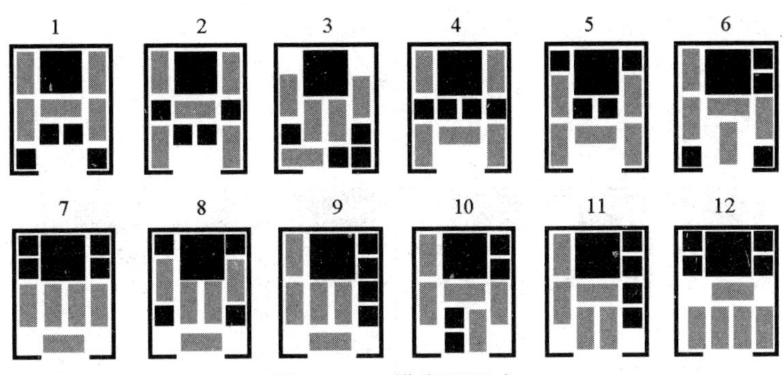

图 9-9　一横类开局式

叫做“兵临城下”的。

(8) 桃花园中：4 个小卒分布在 4 角，犹如 4 朵桃花，因而把整个棋盘喻为“桃花园”。

(9) 一路进军：4 个小卒在曹操右侧纵向排开。

(10) 一路顺风：除关羽是横向的以外，其他 4 员虎将和 4 个小卒分 2 路都是纵向的，因而得名。

(11) 围而不歼：同一路进军的区别是关羽逼近曹操，2 员虎将外撤。

(12) 捷足先登：同左右布兵（兵临城下）的区别是关羽逼近曹操，4 虎将外撤。

图 9-10 是二横类的一些开局式。

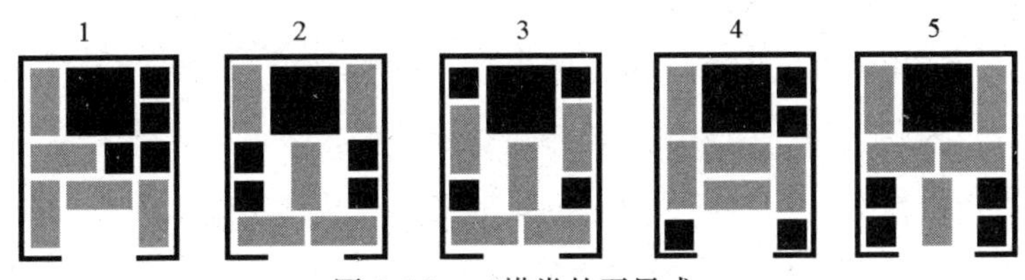

图 9-10　二横类的开局式

(1) 插翅难飞：曹操左侧有 2 员虎将，右侧有 4 个兵把他团团围住，外围还有关羽及另外 2 员虎将，故云插翅难飞。

(2) 守口如瓶①：曹操下方有 1 员虎将，可灵活地左右移，把住出口，故云守口如瓶。也有称之为“殊途同归”的。

(3) 守口如瓶②：和守口如瓶①不同的是 4 个小卒分居 2 员虎将上下。

(4) 双将挡路：有 2 员虎将挡在曹操正面。

(5) 横马当关：2 员虎将横拦在曹操前方。

图 9-11 是三横类的一些开局式。

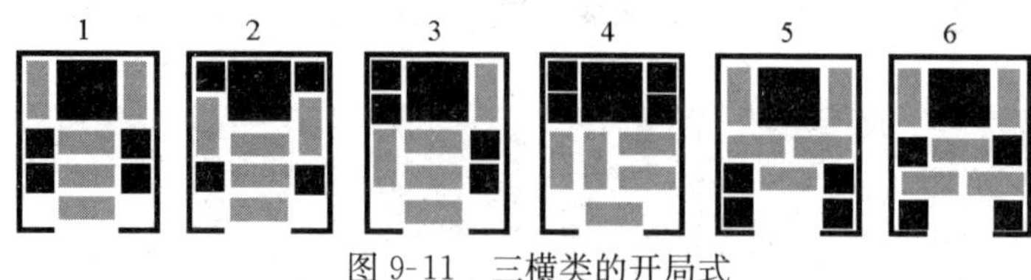

图 9-11　三横类的开局式

(1) 层层设防①：3 员虎将横挡在曹操正面，故谓层层设防。

(2) 层层设防②：类似上一个布局，但 4 个小卒分散。

(3) 兵挡将阻：正面还是 3 员虎将，但左、右侧各 2 兵 1 将交叉防守。

(4) 堵塞要道：4 个小卒分居曹操 2 侧，正面用 5 虎将拦截曹操。

(5) 瓮中之鳖：5 虎将团团围住曹操，4 个小卒在外围助威，成瓮中捉鳖之势。

(6) 层峦叠嶂：5 虎将与 4 小卒交叉布防，对曹操而言可谓“层峦叠嶂”，形势险恶万分。

四横类开局式的一些示例见图 9-12。

(1) 水泄不通：4 员虎将正面挡住曹操，成水泄不通之势。也有叫“四面埋伏”的。

(2) 四路进兵：4 个兵齐头并进，4 员虎将紧随其后向曹操进逼。

(3) 入地无门：因为有 4 虎将在曹操正面，故谓“入地无门”。

五横类只有一种对称布局，因 5 虎将都在曹操正面，但曹操最后仍得以逃脱，故谓“巧过五关”，见图 9-13。

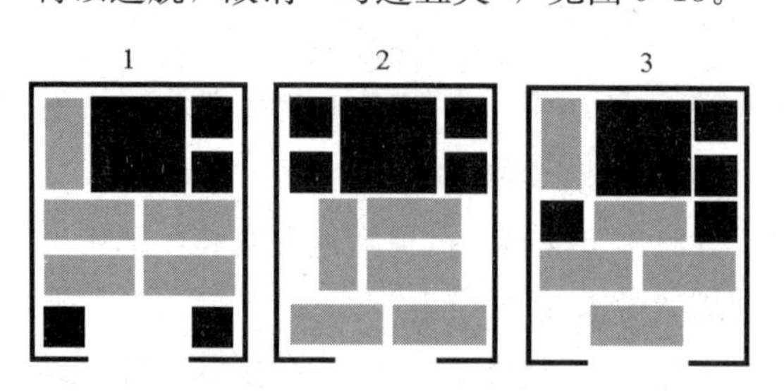

图 9-12　四横类开局式

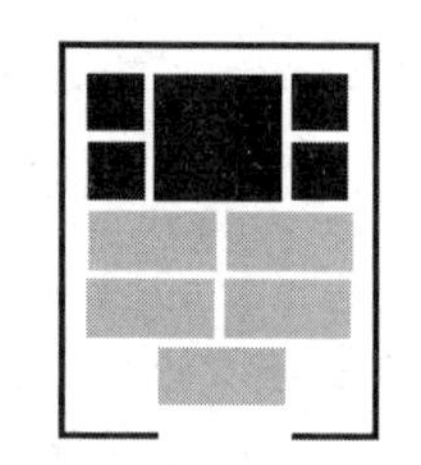
图 9-13　五横类开局式

9.5 解华容道的网络图

国内外都有许多华容道的爱好者和研究者。姜长英1985年曾经发起组织过一个“华容道研究会”，北京、上海、西安、四川、山东、宁夏、东北都有会员，他们有不少研究成果。这里介绍一下北京理工大学离休干部、原北京工业学院副院长齐尧的研究成果。齐尧以87岁高龄，把他几十年来悉心研究华容道的心得和经验加以总结、提炼，把180种开局式的解法加以归纳，分别为一横式到四横式华容道绘制成了四张网络图，于2004年12月出版了《网络图解开华容道》一书（香港天马图书有限公司）。以一横类为例，齐尧在深入解剖了75种开局式以后发现，它们的终局只有3种不同形式，即X型、Y型和Z型，如图9-14所示。在到达这些终局之前，各有为数不多的几个关键性中间布局。例如，对于X型终局来说，有3个关键性中间布局D，E，M，如图9-15所示。走到D以后，再走35步；走到E或M以后再走22步，就可到达终局X。依此类推，在布局D，E，M之前又各有为数不多的几个中间布局……最前面的几个中间布局被称为“首发站”。据此，齐尧整理出了“一横类布局解法主要路线网络图”，把75种一横类开局式“一网打尽”。也就是说，有了这张网络图，75种开局式中的任一种如何解法都清清楚楚了。以横刀立马这一开局式（编号1-1）而言，它的首发站为C1，齐尧书中先以图解形式引导读者走到首发站C1，如图9-16所示，之后就可以根据网络图经过几个中间布局到达终局了。而以C1为首发站的除横刀立马外，还有其他3个开局式，书中分别给出了从这几个开局式到首发站C1的走法，一到C1，顺着网络图的指引，就可以以相同路线走到终局了。余类推。这里需要说明的是，齐尧对横刀立马的解法同莱曼解法完全一样，但曹操横向移动方向正相反。

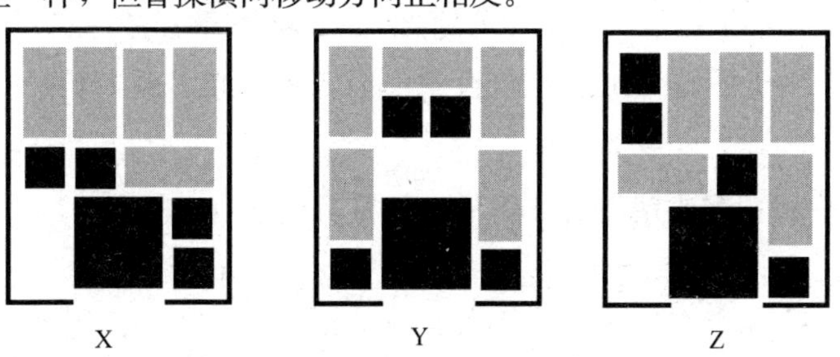

图9-14 一横类华容道的3种终局

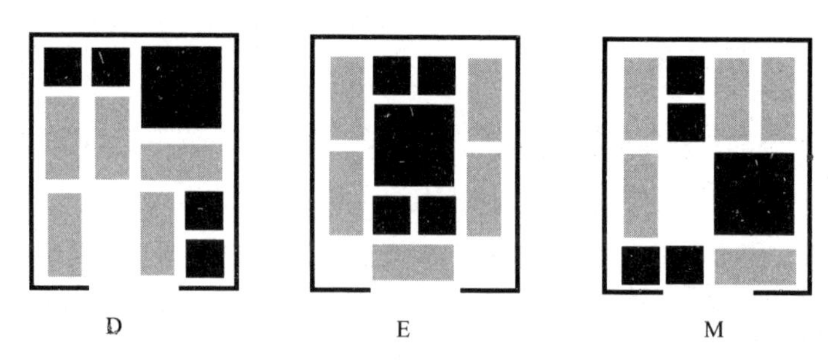

图 9-15　X 类终局的关键性中间布局

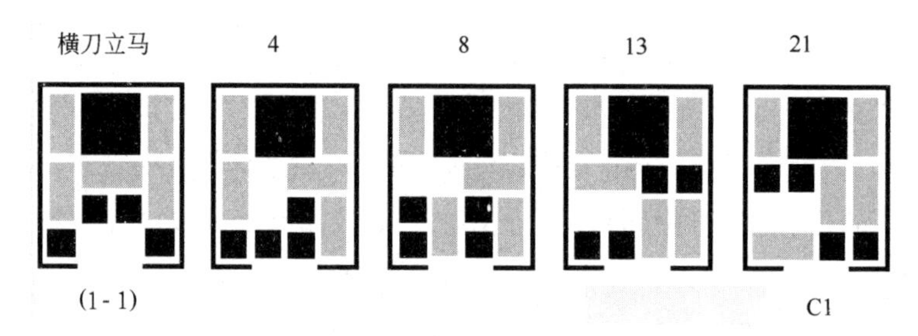

图 9-16　横刀立马从开局式到首发站

一种开局式有多种不同解法的情况，在齐尧的网络图中也有反映，那就是可以走网络图中的不同路线。其中最短的路线就是最优解法。

根据齐尧的网络图，这 180 种开局式中，以三横式布局难易程度相差最大，最容易的 40 步即可解开，最复杂的要 120 步才能解开，相差 3 倍；四横式布局难易程度相差最小，难解布局和易解布局所需步数之比为87∶69。一横式和二横式介乎这两者之间，其比值分别为 84∶32 和 103∶56。当然，用步数多少表示解法难易并不科学，但因为只有它是一种“客观性标准”，其他都带有主观性，我们这里只好采用它来区分难易了。

下面作为解法示例，我们分别给出各式最难解和最易解的开局式及其解法。由于图解式虽然比较直观，但较占篇幅，我们仍以棋步表示解法。

1. 一横式最难解布局（图 9-17）及其解法（84 步）

4 1 3 6 4 8 9 5 7 A 2 3 1 7 5 9 8 7
1 6 4 8 9 5 1 2 3 6 4 8 2 3 6 4 8 2
3 8 1 7 9 5 7 9 1 4 6 8 3 5 9 1 A 8

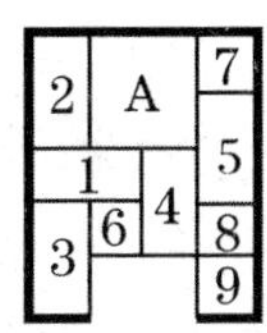

图 9-17　一横式最难解布局

6 3 4 5 2 9 7 1 A 6 3 5 A 6 8 3 5 4
2 A 6 1 7 9 A 6 8 1 9 A

2. 一横式最易解布局有 2 种（图 9-18，图 9-19），均为 32 步

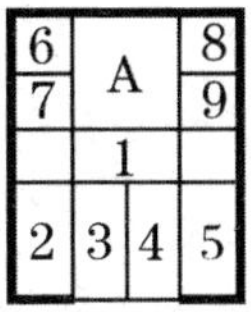

图 9-18　一横式最易解布局一

1 9 8 A 7 1 9 8 A 7 6 1 9 2 3 8 9
A 5 4 9 A 6 7 1 2 3 5 4 8 9 A

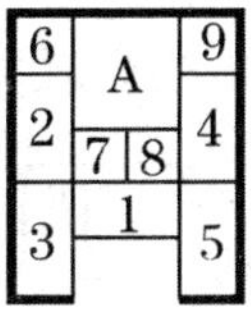

图 9-19　一横式最易解布局二

1 7 8 A 6 9 2 3 4 5 1 8 7 A 9 4 5 A
9 6 2 3 9 1 7 8 A 6 9 1 8 A

3. 二横式最难解布局（图 9-20）及其解法（103 步）

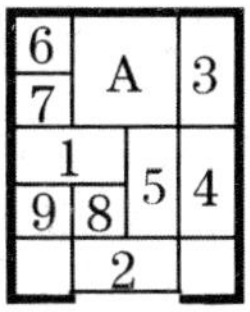

图 9-20　二横式最难解布局

2 8 9 1 7 6 A 5 7 6 1 8 9 2 7 8 9 1
6 9 4 7 8 2 1 9 4 5 A 6 9 4 5 8 2 1
4 5 9 4 5 9 8 7 2 8 9 5 4 7 2 8 3 A

7 2 4 5 1 9 8 3 A 7 6 2 5 8 9 1 4 5
A 7 6 2 5 4 3 1 8 9 A 7 6 2 5 4 A 7
6 3 1 9 8 A 7 5 2 3 1 8 A

4. 二横式最易解布局（图 9-21）及其解法（56 步）

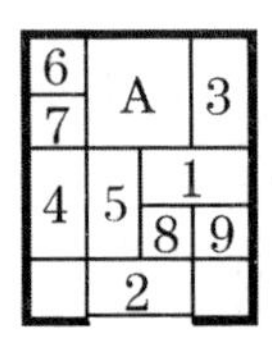

图 9-21　二横式最易解布局

这个开局式似乎同上一个开局式差不多，只是中间 5 个棋子的左右顺序正好同上一个相反。但就是这样一个差异，使它们成了二横式中解开步数最多和步数最少的两个开局式。解这个开局式时，只要把 2 右移，让 4、5 下移以后，其布局就同上一个开局式走了 50 步以后的中间布局完全一样了，在齐尧的网络图上，这个中间布局叫 S，两者以后当然走同一路径了。

5. 三横式最难解布局（图 9-22）及其解法（120 步）

图 9-22　三横式最难解布局

这个开局式在齐尧的网络图中有 2 条解法路径，都是 120 步。下面给出其中的一条解法路径：

3 7 4 6 A 8 5 1 6 4 7 3 9 2 6 1 5 8
A 4 1 6 2 9 3 7 6 2 9 3 7 6 2 3 7 5
9 5 7 6 2 3 6 7 1 6 3 2 7 5 1 3 6 4
A 9 1 5 6 7 2 4 A 9 8 1 6 A 9 8 1 6
5 7 2 3 4 9 8 A 7 6 5 1 A 4 8 9 2 3
5 6 7 4 8 A 1 6 7 4 5 3 2 8 9 A 1 7
6 4 5 3 2 8 9 A 3 2 9 A

6. 三横式最易解布局（图 9-23）及其解法（40 步）

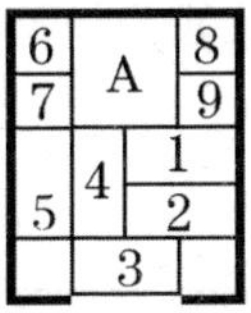

图 9-23 三横式最易解布局

3 4 5 1 9 8 A 7 1 4 5 3 2 8 9 A 7 6
1 4 5 3 2 9 8 A 6 7 1 4 5 3 2 9 8 A
3 2 8 A

7. 四横式最难解布局（图 9-24）及其解法（87 步）

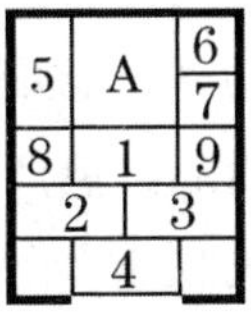

图 9-24 四横式最难解布局

4 3 9 2 1 8 5 A 7 1 9 2 8 9 1 7 A 5
8 2 1 9 A 6 7 9 A 6 5 8 6 2 1 A 7 5
6 2 1 4 3 A 1 2 6 5 7 1 2 5 6 8 7 9
1 2 A 3 4 6 8 7 9 1 2 A 6 8 4 3 8 6
A 2 1 5 9 7 4 3 8 6 A 4 3 6 A

8. 四横式最易解布局（图 9-25）及其解法（69 步）

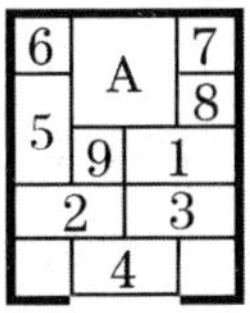

图 9-25 四横式最易解布局

此布局走以下 13 步后的中间布局，同上一个布局走 31 步后的中间布局完全一样：

4 3 1 9 A 7 8 9 A 5 6 7 5

这个中间布局在齐尧的网络图上叫 M，走到终局 X 用 51 步。

9. 五横式（图 9-26）

五横式只有一个开局式，比较易解，只消 34 步：

5 4 2 9 8 A 7 1 3 2 8 9 A 7 6 1 3 2

5 4 8 9 A 3 2 5 4 9 8 A 5 4 8 A

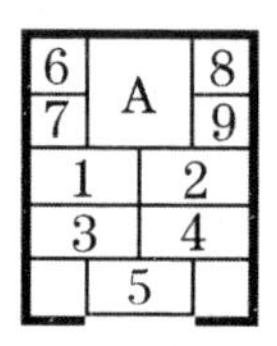

图 9-26 五横式开局式

通过以上 9 个，连同 9.3 节中对横刀立马开局式共 10 个开局式的解法，我们可以感觉到，不同开局式解法的难易程度相差极大，容易的几乎可以不费吹灰之力，信手拈来；而难的可以使你煞费苦心而一筹莫展，也许在碰了不知道多少壁以后，偶然柳暗花明，豁然开朗。这个时刻，你的兴奋、激动和高兴是无法用言语形容的。这也是华容道既使人“不可思议”，又引人入胜之处。

9.6 华容道在国外

中国的华容道可以有多种多样的开局式，而其中的某些开局式在国外成了专门的一种玩具，或被某些专家格外关注进行研究，这一节我们就来介绍一下这方面的一些情况。

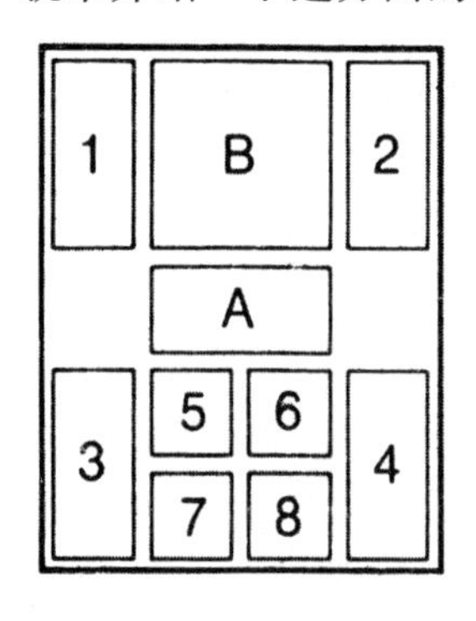

图 9-27 足球游戏

首先是横刀立马这一典型开局式，在 1940 年被美国的 Lott's Bricks 公司以“足球游戏”（the home team football puzzle）的名称作为玩具推出，见图 9-27。在这个游戏中，其他棋子都被当做足球运动员，大方块 B 被当做主队，横放的矩形块 A 被当作足球，上下两端的中央被认为是球门。游戏的目标是“主队”将“足球”“踢”到对方球门里去，也就是将 A 移到下端中央，B 在它的正上方。

这个游戏的解法可参考“横刀立马”的解法二，在把 A 移到右下角，B 在它之上的左侧（即正中）以后，改变一下走法，不难将 A 移到下端中央而结局。所需步数为 57 步。

足球游戏在国外也有许多变形。其中之一的开局式如图 9-28 所示。

图 9-28 足球游戏的变形

为了增加趣味性，它的棋子上画上了西方的一些著名的卡通形象，如唐老鸭、米老鼠、狗和河马大叔等。其中唐老鸭是中锋，河马大叔则是对方的守门员。棋盘两端各画有一个球门，因此可以颠倒着玩，棋盘两侧有两个巡边员，开角球的四角插有旗帜，这当然同游戏无关，只为好玩而已。对这个游戏，唐老鸭要带球前进到下端中央，面对空门，轻松地把球射进球门里去，需要 69 步，参考棋步如下：

6 4 2 1 3 5 9 10 4 7 9 5 3 1 2 7 9 6

5 3 1 6 9 7 2 6 9 1 3 5 7 1 6 9 2 8

4 7 1 6 3 5 1 8 4 7 8 1 5 3 9 6 2 4

1 6 9 3 5 6 10 8 7 1 9 6 10 7 1

其次是“捷足先登”开局式，在 20 世纪 70 年代在泰国以“Khum Pan”的名称作为玩具推出。“Khum Pan”是泰国古代一个英雄的名字。其开局式和终局分别如图 9-29（a）和（b）所示。

捷足先登在华容道的所有开局式中，是解的步数最少的（32 步）。但在 Khum Pan 中，由于要求的终局与华容道不同，看来似乎只是让

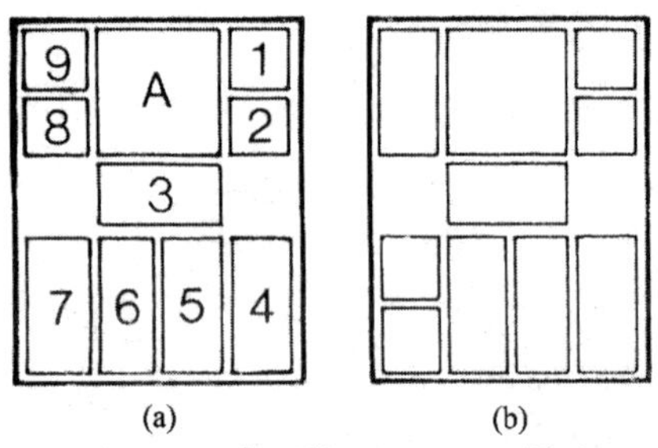

(a)　　(b)

图 9-29　泰国的 Khum Pan 游戏

8，9 两个小方块与下边一个竖放的矩形块交换一下位置即可，实际上难度反而加大，需要 40 步才能完成，现给出参考棋步如下：

3 8 9 A 2 3 8 9 A 2 1 3 8 4 5 9 8 4
5 9 8 4 3 1 2 A 6 7 8 9 4 5 3 2 A 7
8 9 6 3

终局与初局的不同有以下几点：

(1) 7 移到 A 左侧；

(2) 4，5 互易位置；

(3) 8，9 移到了左下角，8 在上，9 在下。

在 Khum Pan 的玩法中，除了上面一种外，还有其他 10 种不同的开局式和终局式，我们下面只给出最复杂的、需要 101 步才能解开的玩法，其开局式和终局如图 9-30 所示，参考棋步如下：

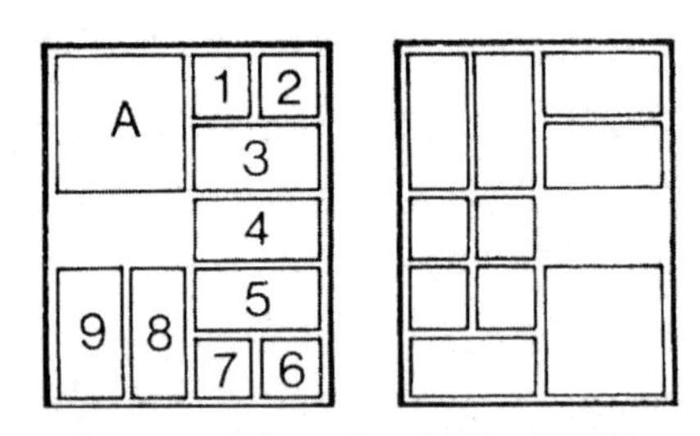

图 9-30　Khum Pan 的另一种玩法

9 8 7 6 5 4 3 1 A 9 8 6 7 5 4 3 6 A
2 1 6 A 7 8 9 2 7 8 3 A 1 7 2 8 9 3
5 4 A 3 8 9 2 7 1 3 A 4 5 8 7 2 9 8
7 2 9 8 7 2 9 1 6 3 A 4 5 2 7 4 A 3
6 1 8 9 4 2 7 5 A 4 7 8 9 1 6 3 4 A

5 2 7 1 6 9 8 2 7 5 A

终局中，8，9 两个竖放的矩形块移到上面，但左右互易了位置。横放的 5 在左下角，3，4 在右上角，1，2，6，7 四个小方块围在一起，1 在右下，2 在左上，6 在右上，7 在左下。

一横类华容道中，还有一个开局式被以色列一家名为 Shafir 的玩具工厂在 1981 年以“交通拥挤”（traffic jam）为名推出，这个玩具有时也被叫做“让我通过”（let me through）。其开局和终局如图 9-31 所示，实际上恰是华容道开局和终局的逆。

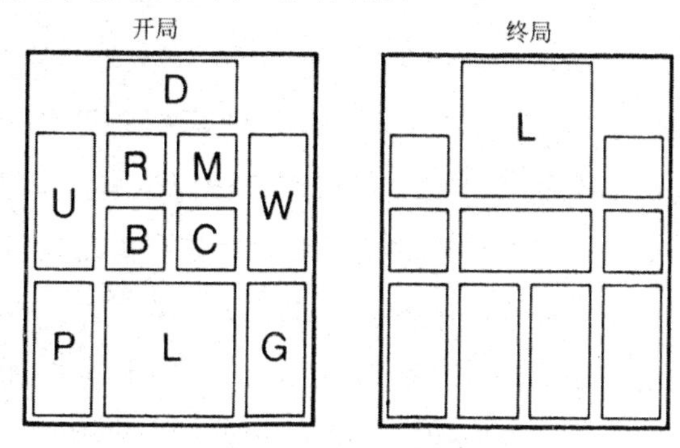

图 9-31 交通拥挤游戏

游戏反映拥挤的公共汽车，大方块标以 L，意为胖女人（large lady），4 个竖放的矩形块分别标以 P，G，U，W，分别代表手拿钱包的女士（lady with purse），拿着一把吉他的男人（man with guitar），带着一把雨伞的男人（man with umbrella）和一个提着工具箱的工人（workman with tools）。4 个小方块分别标 R，M，B，C，分别表示扎着蝴蝶结的小女孩（girl with ribbon），留着小胡子的男人（man with moustache），男孩（baby）和婴儿车（baby carriage）。横放的矩形块上标 D，代表狗（dog）。游戏的目标是让胖女人从人群中挤出，站到位于上方中央的巴士门口处。

这个游戏在华容道的各布局式中，难度处于中等，需要 61 步完成：

D M R B U P L C B R M D P U L C B R

L P U M L R G W L R B C P U M R L W

G B C P U L B C G W B D R M L C B D

M L C B D M R

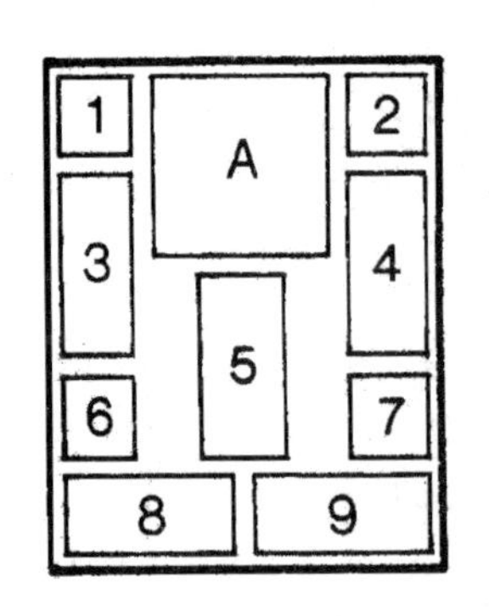

图 9-32　百步及百五十步游戏

以上都是华容道一横类布局的变形。1975 年，英国剑桥大学的数学家约翰·康韦（John H. Conway，这是一个多才、多艺的数学家，我们在上一本《好玩的数学》中多次见到过他在幻方及其他娱乐数学方面的创造）设计了图 9-32 所示的二横类华容道游戏，他名之为“百步（以及百五十步）游戏”（century (and a half))。之所以取这样一个名称是因为这个游戏的 2 个玩法正好需要 100 步和 150 步。游戏的第一个玩法同华容道一样，要求把大方块 A 移到下方中央；第二个玩法则不但要求把 A 移到下方中央，而且要求其他棋子所处的位置，恰使整个棋盘如果转 180°的话，其布局和开局式完全一样（但棋子编号可以不同）。

华容道的这一布局式有几种不同的解法。在齐尧的网络图中就有 2 条均为 100 步的路线。下面我们把康韦的解法介绍给大家，他的巧妙之处在于：用 100 步完成第一种玩法之后，接下去再走 50 步正好完成第二种玩法。

5　6　8　9　7　4　2　A　1　3　6　1　A　2　4　7　9　8
1　5　7　9　8　1　6　5　1　9　8　4　7　4　8　6　5　1
9　6　8　4　9　1　5　8　6　1　5　3　A　7　9　1　6　4
8　5　3　A　7　2　9　4　6　1　A　3　5　8　6　1　A　2
7　3　5　8　6　1　9　4　A　5　3　9　2　7　5　8　6　1
A　7　2　4　9　5　3　8　1　A（100 步）　4　7　8　1　3
5　9　7　2　8　1　2　8　4　A　2　3　6　2　3　6　5　8
9　7　9　8　6　3　A　4　7　9　8　6　5　2　A　1　7　4
1　A　2　5　6　8　9　7　3

对于华容道的三横式开局，日本的 Himawari 在 1981 年推出了一个名为“Ushi puzzle”的游戏，其布局如图 9-33 所示。玩法同华容道一样，也是要把 A 移到下端中央。这个游戏被认为是难度较大的，需要 98 步才能完成。

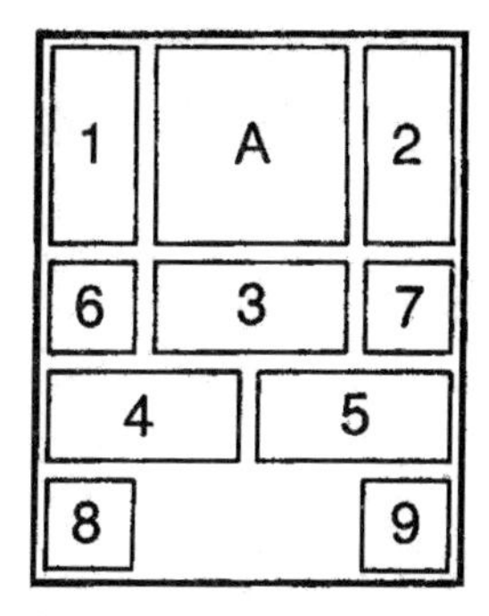

图 9-33 日本的 Ushi 游戏

参考棋步如下：

9 5 4 8 9 5 4 9 3 6 8 1 A 6 8 3 9 7
2 6 8 A 1 9 5 4 2 7 3 9 5 1 A 8 3 2
9 7 4 1 A 8 6 3 9 A 8 6 3 9 2 7 4 5
1 8 6 A 7 9 2 3 A 6 8 1 4 5 2 9 7 1
6 A 3 7 9 1 2 5 4 6 8 A 3 7 9 1 2 5
4 6 8 A 5 4 8 A

9.7 国外的"华容道"

我们在《幻方及其他——娱乐数学经典名题》的第二十章"关于重排九宫"中曾经提到，在萨姆·洛伊德推出风靡一时的"14～15"游戏以后，滑块类游戏出现过一股热潮，据英、美两国的不完全统计，从1869～1978年这110年间，获得专利的滑块类玩具就达到142件，其中不少是颇有兴味的。在那本书中，我们已介绍过几种，如"把希特勒关进狗窝"等。这里我们再介绍几个较有特色的"洋华容道"。

1. "追捕逃犯"游戏

这个游戏我们前面已经提到过了，是"红鬃烈马"在西班牙的变形。初局见图9-6，终局要求把代表"罪犯"的A逼到底部中央，四周用代表牢房的横放的矩形块9和四个小方块围住。这个游戏的最佳解法要66步，参考棋步如下：

5 3 4 2 1 3 5 4 2 1 3 5 4 2 1 4 9 6
7 8 6 7 9 5 3 4 5 2 8 7 9 A 3 4 2 5

8 1 7 6 9 A 4 2 8 A 4 3 2 8 5 1 A 4
9 6 7 A 4 3 9 7 A 4 3 9

如果只要求把A移至底部中央，最后3步是可以省去的，最后3步只是为了把“罪犯”关进牢笼。

2. “三角旗”游戏

这个游戏我们前面也已经提到过了，是同类游戏中出现得比较早的，与华容道十分相似，区别在于多一块矩形，少2块小方块。但这样一个不大的区别却使它容易得多。这个游戏的目标是让代表主队的大方块走到其他顶角，其中从A到B最容易，到C就困难一些，下面我们给出参考解法：

从A到B（25步）：5 4 1 2 3 4 1 6 7 8 9 5 4 1 6 7 8 9 4 8 7 6 2 3 1

从A到D（29步）：5 4 1 2 3 4 1 6 7 8 9 5 4 1 6 7 8 9 4 1 3 2 6 7 8 9 4 5 1

从A到C（59步）：5 4 1 2 3 4 1 6 7 8 9 5 4 1 6 7 8 9 5 9 8 5 4 1 3 2 7 6 4 6 7 4 5 6 7 5 3 2 5 4 3 2 4 2 3 6 7 1 4 5 2 3 6 7 1 4 9 8 1

以上3个解法中，前18步完全一样，从第19步开始，才因大方块1的去向不同而有不同的走法。

3. “老妈的游戏”

三角旗游戏后来被叫做“老爸的游戏”（dad’s puzzle），游戏的内容也不一定是球类比赛，而是让老爸干体力活，比如把钢琴从房间的这一角搬到另一角，如此等等。1927年，纽约州Newburgh的查尔斯·狄梦德（Charles L. A. Diamond）设计出了与“老爸的游戏”相对的“老妈的游戏”（ma’s puzzle），并取得了专利，如图9-34所示。这个游戏中的2个L形的滑块，分别标以“妈妈”（ma）和“我的孩子”（my boy），分置于棋盘的右上角与左下角，其间有大小不等的6个矩形和一个小方块，分别标以“失业”（no work），“危险”（danger），“没钱”（broke），“烦恼”（worry），“劳苦”（trouble），“思家”（home-sick），和“病了”(ill)。游戏的目标是让母子冲破这些障碍拥抱在一起，并回到母亲原来所在的右上角，也就是要求在终局中2个L形块在右上角咬合成一个3×2的矩形。

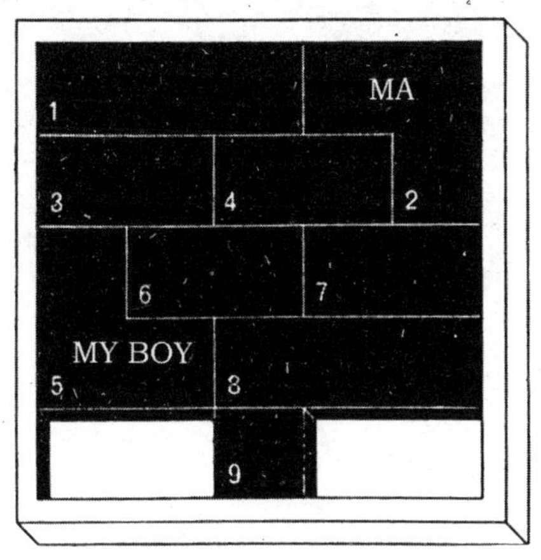

图9-34 老妈的游戏

下面我们给出完成这个游戏的参考棋步如下，终局中2，5形成一个纵矩形。

9（左） 8 7 6 5 9（上） 8 7 6 4 2 1 3（上） 9（右上） 5（左上） 6 4（右下） 9（下下） 5 3 1 2 5（23步）

在周末的《民间智力玩具》中，有一个“牛郎会织女”游戏，同“老妈的游戏”相似，不同的是用牛郎、织女代替妈妈和她的孩子，此外，分隔两者的矩形块和小方块也多一些，计有矩形块7个、小方块2个。

4. 五胞胎排队游戏

1934年，美国诞生了第一例五胞胎迪奥尼（Dionne）兄妹，这成了全美国的一件喜事。作为庆祝形式之一，法蒂冈特（R. W. Fatiguant）设计了如图9-35所示的一款滑块类玩具，玩具中的滑块上印有五胞胎的5张面孔和5朵鲜花，初始时，5朵鲜花在中间排成一行，五胞胎兄妹则分居右上角和左下角。游戏的目标是让五胞胎兄妹在中间排成一行，5朵鲜花则分成2组，一组3朵在左上角，另一组2朵在右下角。

图9-36是这个游戏的简化图形，用圆圈表示五胞胎，用白点表示鲜花。从初局（a）走到终局（b）最小的步数是30步：

图 9-35　五胞胎排队游戏

9　8　1　2　3　6　8（上右）　2　5（右下）　3　6　8（上左）　9　2　8

6　3　1（右下）　6　3　5（上右）　1（右下）　7（上）　1（左）　8　5（下）　3　6　4　9

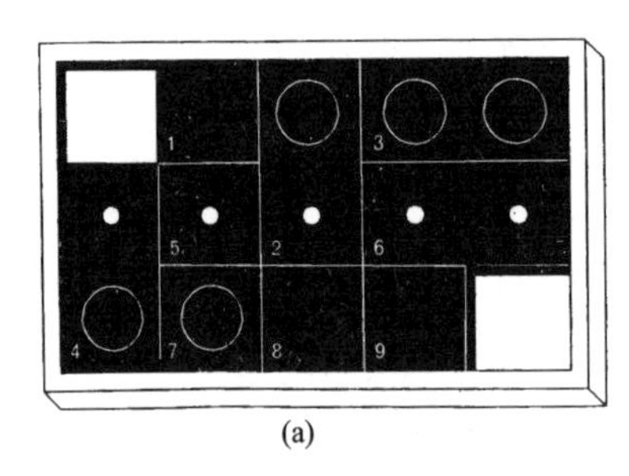

(a)

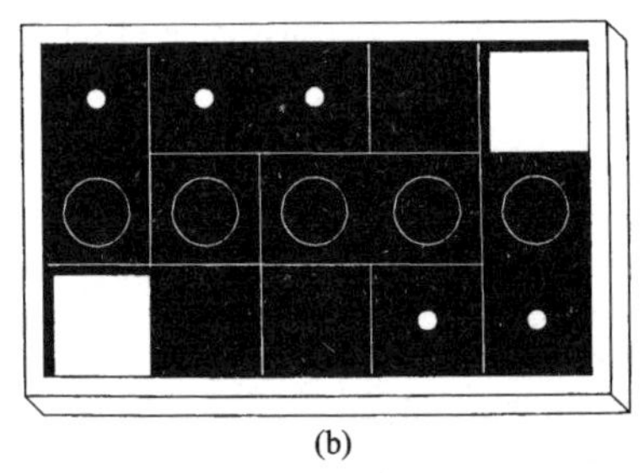
(b)

图 9-36　五胞胎游戏的初局与终局

5. 幼虎回笼游戏

幼虎回笼游戏是“虎”系列游戏中的一种，其设计者是丹佛（Denver）的盲人钢琴调琴师谢里·斯各茨（Sherley Ellis Scotts）。斯各茨 7 岁时就双眼失明，但凭着过人的毅力在科罗拉多大学取得了心理学学士学位，并成为一位职业调琴师。业余时间他致力于智力玩具的开发，他的虎系列玩具独具匠心，常常蕴含着一些数学原理与公式，比如幼虎回笼游戏中的滑块是按图 9-37（a）所示将一个正方形分割而成的，其中 $a:b:c=3:2:1$，整个方块面积 $(a+b+c)^2=a^2+b^2+c^2+2ab+2ac+2bc$ 被分成 3 个不同大小的正方形和 6 个 3 组矩形。在游戏盘上，大方块代表老虎，棋盘右上角的外侧有围墙，方块 1 和 6 的各一条边以及方块 4 的一条边的一半也有围墙，如图 9-37（b）所示（读者如有兴趣自己剪纸板做这个游戏的话，当然不必搞这么复杂，可用标志线代替围墙）。游戏的目标是将老虎赶到右上角并用围墙把它圈住。由于棋盘中留下的空间是 ab，比较大，因此，游戏中允许较小的棋子除平移外，还可以转一个角度，只要旋转中不碰动其他棋子即可。显然，这使游戏更加有趣，也更复杂而具有挑战性。

下面给出完成这个游戏的 49 步解：

8　5　6　2　3　1　4　2（左）　3（左）　1　4　2　3（上）　7　8（左上）　5　6　1　4　3　2　7　8（上）　5　6　1　8（右下）　5　6　1　8（下）　4　2（转 90°并垂直置于 3 下）　7　5　6（转 90°水平置于 5 下，有围墙边在下）　4　2（转 90°水平置于 7 下）　3（置于 2 的右侧）　7　8　1　4　6（转 90°置于 5 与 7 之间，有围墙边在右）　4　8（左下）　2（下左）3（下左）　1

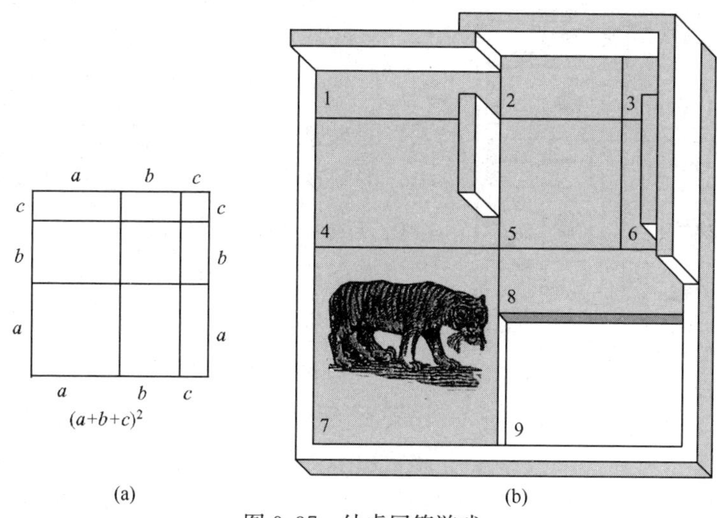

(a)　(b)

图 9-37　幼虎回笼游戏

幼虎回笼游戏是虎系列游戏中最简单的一个。比它更复杂、更困难的叫“母虎回笼”和“雄虎回笼”，它们同幼虎回笼相似，但母板切割得更细：在母虎回笼中按 4∶3∶2∶1 的比例在纵横方向上分成 a，b，c，d 四段，在雄虎回笼中更分成 5∶4∶3∶2∶1 的 a，b，c，d，e 五段，所以有更多的正方形和矩形块。马丁·伽德纳认为：虎系列是滑块类玩具中最困难、最具有挑战性的游戏。

在周末的《民间智力玩具》中，有一个“请君入瓮”游戏，同“幼虎回笼”一模一样，但所用典故是唐朝酷吏来俊臣用计诱捕另一酷吏周兴的故事，大方块不再表示老虎而表示周兴了。请君入瓮的故事原出《资治通鉴·唐纪》二十：周兴的罪行败露后，武则天命来俊臣审问周兴，周兴还蒙在鼓里。来俊臣把周兴请到家里假意问他：“犯人不肯认罪怎么办?”周兴说：“拿个大瓮，周围用炭火烤，把犯人装进去，什么事他会不承认呢?”来俊臣叫人搬来一个大瓮，四面加火，对周兴说：“奉命审问老兄，请老兄入瓮!”周兴吓得连忙磕头认罪。是斯各茨的“幼虎回笼”游戏传到中国变成“请君入瓮”游戏，还是“请君入瓮”游戏传到西方变成“幼虎回笼”游戏，或者是两项独立的发明恰恰巧合，有待专家们去考证了。

6. 四象限之谜游戏

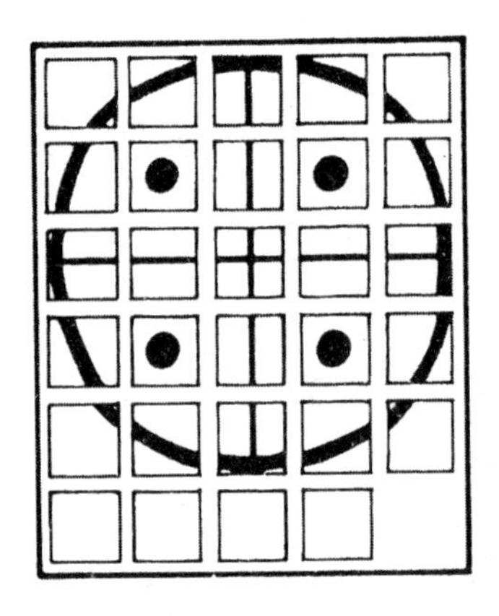

图 9-38　四象限之谜游戏

这是 20 世纪 70 年代在美国出现的玩具，虽然都是由同样大小的正方形块组成的，但是由于加上了几何图案，很能引起人们的兴趣。图 9-38是它的终局，在初局中，带圆点的 4 个方块和底下一排的 4 个空白方块要交换一下位置。

要求从初局走到终局，难度不算大，但若要求步数最小，则并不容易。下面我们给出目前已知的最少步数 74 步解法，读者不妨试试能不能打破这个记录，找到步数更少的解法。由于棋盘上始终只有一个位置的空格，我们用空格四周哪个棋子移入当前空格表示棋步，U（up）表示走空格下方棋子，D（down）表示走空格上方棋子，R（right）表示走空格左侧棋子，L（left）表示走空格右侧棋子。

D R R U R R D L D D D L U U U U L D
D D D R U U R D D L U U U U R D D D
L U R D L L D R R U U L D L U R U U
R D L L D R R U R U L L L D R U L D
L U

7. 攀登顶峰游戏

这个游戏是1985年日本的Minoru Abe设计的，英文名称是"Climb Pro 24"，我们在上一本《好玩的数学》中曾经介绍过它，但是没有给出解答，有读者来信要求介绍目前已知的最佳走法。这个游戏由于棋子中有大小不等的正方形，矩形、L形、凸形，数量也比较多，要求把凸形的A从最底下移到最顶端，难度确实非常大。我们把它叫做"攀登顶峰"，一则是因为游戏本身要求把A移到最高处，是攀登顶峰；二则也表示谁能完成这个游戏，可以称得上是在玩这类游戏中登上了顶峰。下面我们给出国外资料中提供的474步解法，希望有读者打破这个记录。棋步中数字代表移动的棋子编号，后随的U代表向上；D代表向下；R代表向右；L代表向左；+表示在前半步中只走半程，不走到头；－表示在后半步中只走半程，不走到头；§表示只走2/3路程，不走到头；*表示在后半步中只走2/3路程，不走到头；数字下加一横的表示拐一个弯；加二横的表示拐两个弯（图9-39）。

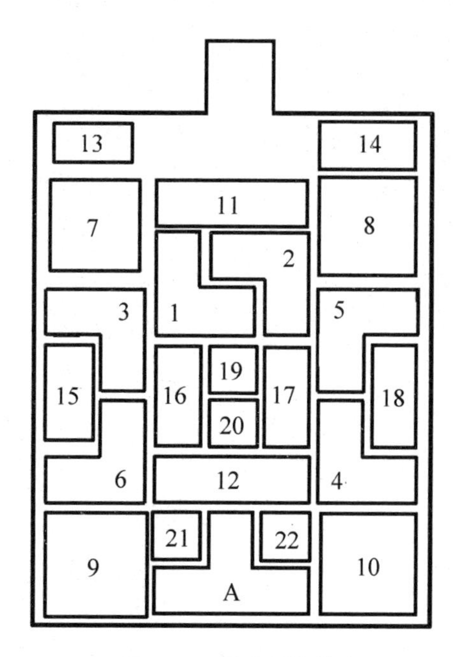

图9-39　攀登顶峰游戏

11	2	1^{U}	$\underline{19}^{UR}$	20	17	19	20^{R}	1
2	20^{U}	19	$\underline{5}$	8	20	$\underline{19}$	$\underline{2}$	19
20	14	11	20^{U}	11	14^{U}	19	$\underline{2}$	19
8^{U}	$\underline{5}$	19	2	1^{U}	16	5	18	4
12	6	15	3	7	13	11	2	1
16	17^{D}	5	$\underline{19}^{UR}$	$\underline{\underline{17}}$	$\underline{6}$	12	$\underline{4}$	$\underline{19}$
4	17^{D}	18	8	14	2	$\underline{1}$	$\underline{16}$	14
$\underline{1}$	$\underline{16}$	11	14	5	13	7	3	15
12	6^{L}	$\underline{17}$	$\underline{22}^{+}$	$18^{\S}$	17^{R}	$\underline{6}$	$\underline{22}$	18^{L}
4	19^{D}	8	1	2	11	14	5	6
$\underline{18}$	$\underline{4}$	$\underline{19}^{LD}$	12	$\underline{22}^{DL}$	$\underline{18}$	$\underline{4}$	$\underline{17}$	16
6	5^{R}	7	3	15	$\underline{18}$	$\underline{4}$	22	18^{D}
15	7	4	3	5	6^{L}	16	$\underline{17}$	$\underline{22}$
3	4^{R}	$\underline{15}$	7	5	$\underline{6}$	16	17	$\underline{3}$
4	15	18	7	4	3	$\underline{15}$	$\underline{18}$	7
4	$\underline{3}$	$\underline{6}$	$\underline{16^{-}}$	14	11	2	1	18
7	12	8^{D}	15	$\underline{17}$	1	2	11	14
16	18	$\underline{7}$	$\underline{22}$	3	4	12	7	18
1	2	15	17^{L}	8	7	17	8	15
2	1	18^{U}	$\underline{22}$	$\underline{3}$	4	6	5	16
18	3	4	6	$\underline{5}$	$16^{\S}$	18^{L}	$\underline{4}$	5
6^{U}	$\underline{22}$	$\underline{6}$	$\underline{17}$	12	$\underline{22}$	16	18	4
3	17^{U}	$\underline{6}$	$\underline{22}$	6	5^{R}	$\underline{16}$	9	21
A	19^{L}	10	7	15	12	22	8	6
5^{R}	$\underline{16}$	18	9	16	$\underline{18}$	5	6^{L}	8
22	12	15^{U}	7	10	$19^{1/2}$	A	21^{R}	16
18	12	22	12	18	16	21	A	19^{D}
12	$\underline{6}$	5	8	15	7	6	5	8
9	16	18^{U}	8	5	6	10	22	19
12	A	21^{R}	8	16	18^{D}	9	15	7

10	6	5	18	16	8	21	A	$\underline{\underline{19}}$
22	12^{D}	6	5^{D}	18	7	10	17	1
2^{D}	11	14	13	3	4^{U}	9	15	8
16	21	19	A	$22^{\S}$	12	6	5	18
19	A	21^{D}	8	9	4	3	$\underline{13}$	14
11	2	1^{R}	$\underline{17}$	7	18	19	A	8
9	4	3	14	13	$\underline{15}$	16^{U}	7	19
18	A	12	22	21	8	9	4	3
14	13	15	16	7	19	A	12	$\underline{21}^{UR}$
8	9	4	3	7	$\underline{19}^{+}$	$16^{\S}$	15^{L}	$\underline{17}$
19	18	A	12	$\underline{21}$	$\underline{22}$	$\underline{5}$	22	21
12	A	19	18	$\underline{17}$	15	16^{U}	$\underline{19}^{LD}$	16
15^{D}	13	14^{R}	7	3	4	9	8	5
6	21	22^{D}	10	1	2	17	$\underline{18}$	14
16	15	$\underline{\underline{19}}$	A	12	5	6^{L}	$\underline{21}$	$\underline{22}$
10	1	2	17	18	14	15	19	A
12	21	22^{U}	6	5^{D}	9	4	3	7
$\underline{13}$	11	$\underline{14}$	$\underline{18}$	$\underline{15}^{RU}$	$\underline{A}$	$\underline{12}$	$\underline{21}^{-}$	22
9	16	$\underline{21^{-}}$	16	22	9	1	2^{L}	17
18	15	A	19^{D}	13	11	14^{L}	$\underline{13}^{UL}$	$\underline{\underline{19}}$
$\underline{A}$	21	12	$\underline{2}$	18	$17^{1/2}$	1	16	21
12	9	$\underline{3}$	7	16	$\underline{11}$	14	13	$\underline{\underline{20}}$
13	14	$\underline{20}$	14	13	$\underline{A}$			

参 考 文 献

陈敬. 2002. Logo语言与七巧板. 杭州：浙江少年儿童出版社

陈统雄，许晶，陈怡. 1997. 七巧板500例. 上海：上海科学技术出版社

崔乐泉. 2002. 忘忧清乐——古代游艺文化. 南京：江苏古籍出版社

党海政. 2000. 休闲娱乐百科全书. 北京：中国广播电视出版社

傅天奇. 1957. 十五巧新图. 南京：江苏人民出版社

姜长英. 1997. 科学思维锻炼与消遣. 西安：西北工业大学出版社

栗原，苏一凡. 1998. 动脑筋奥林匹克1001. 北京：中国青年出版社

倪进，朱明书. 1986. 智力游戏中的数学方法. 南京：江苏教育出版社

齐尧. 2004. 网络图解开华容道. 香港：天马图书有限公司

谈祥柏. 1999. 数学百草园. 长沙：湖南教育出版社

许莼舫. 1952. 数学漫谈. 上海：开明书店

徐庄，傅起凤. 2001. 快乐益智七巧板. 北京：农村读物出版社

徐庄，傅起凤. 2002. 七巧世界. 北京：大众文艺出版社

杨世明，王雪芹. 1998. 数学发现的艺术. 青岛：青岛海洋大学出版社

余俊雄，郭正谊. 1987. 独立钻石和华容道. 北京：气象出版社

俞明，陈晶波，曾文. 2000. 拼板八卦阵. 上海：上海文化出版社

余音. 1997. 100个智力小游戏. 北京：中国少年儿童出版社

俞崇恩，张卫. 2000. 千变万化的九连环. 北京：中国少年儿童出版社

周末. 1999. 民间智力玩具. 北京：农村读物出版社

周伟中. 2003. 巧解九连环. 北京：金盾出版社

Ball W W R，Coxeter H S M. 1974. Mathematical Recreations and Essays. Toronto：Uni. of Toronto Pr.（中译本：杨应辰等. 数学游戏与欣赏. 上海：上海教育出版社，2001）

Berlekamp E，Conway J H，Guy R K. 1982. Winning Ways for Your Mathematical Plays. London：Academic Pr.（中译本：谈祥柏. 稳操胜券. 上海：上海教育出版社，2003）

Berlekamp E，Rogers T. 1999. The Mathematician and Pied Puzzler. A K Perters Ltd.

Botermans J. 1986. Puzzles：Old and New. Seattle：Uni. of Washington Pr.

Bramam A N. 2002. Kids around the World, Play! New York: John Wiley & Sons, Inc.

Domoryad A P. 1964. Mathematical Games and Pastime. Pergamon Pr.

Dudeney H E. 1951. Amusements in Mathematics. London: Nelson

Elffers J. 1978. Tangram: das alte chinesische Formenspiel. DuMont（中译本：蔡锡明. 1984. 七巧板——中国古老的拼板游戏. 北京：北京出版社）

Gardner M. 1986. Knotted Doughnuts and other Mathematical Entertainments. New York: W. H. Freeman and Company

Hordern E. 1986. Sliding Piece Puzzles. New York: Oxford Uni. Pr.

March V. 1996. Story Puzzles: Tales in the Tangram Tradition. Fort Atkinson, Wisconsin: Alleyside Pr.

Steinhaus H. 1978. Mathematical Snapshots. New York: Oxford Uni. Pr.（中译本：裘光明. 1999. 数学万花镜. 长沙：湖南教育出版社）

附录一 七巧图参考拼法

同一幅七巧图常常有几种不同拼法。下面我们给出本书中主要七巧图的一些拼法供读者参考。

（0）图 0-1 中 108 个人物造型的七巧图。

图 0-1　参考拼法

（1）图 1-9 中的十五巧图。

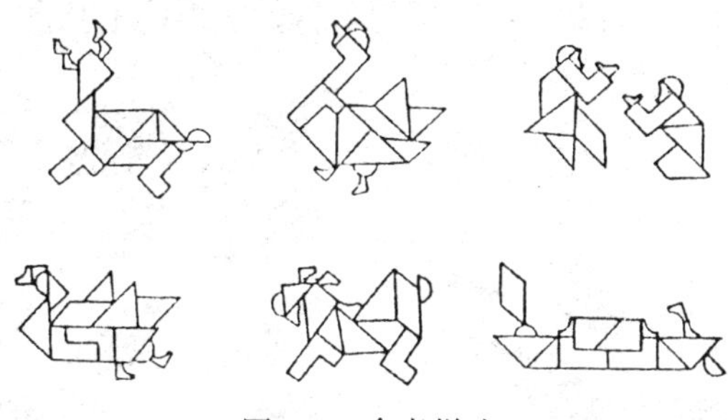

图 1-9　参考拼法

（2）用七巧板能拼出的 13 个凸多边形（图 3-7）。

（3）余数为 1，外观为三角形缺一角的七巧图（图 3-15）。

图 3-7　参考拼法　　图 3-15　参考拼法

（4）余数为 1，外观为正方形缺一角的七巧图（图 3-16）。

图 3-16　参考拼法

（5）余数为 1，外观为斜长条楔形的七巧图（图 3-17）。

（6）余数为 1，外观为缺一角的平行四边形的七巧图（图 3-18）。

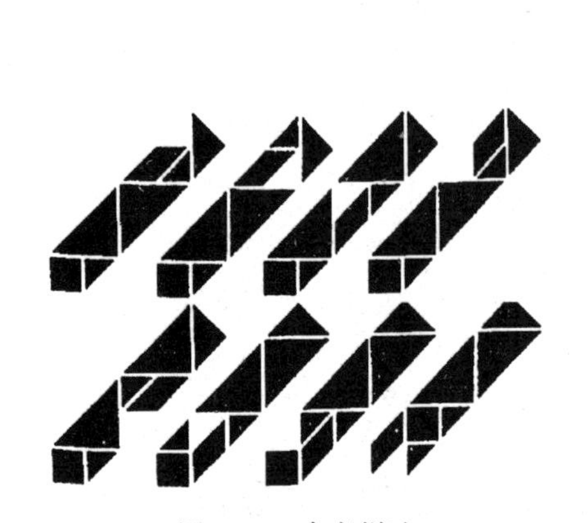

图 3-17 参考拼法

图 3-18 参考拼法

（7）余数为 1，外观为楔形六边形的七巧图（图 3-19）。

图 3-19 参考拼法

（8）余数为 1，外观为缺两个角的斜置矩形的七巧图（图3-20）。

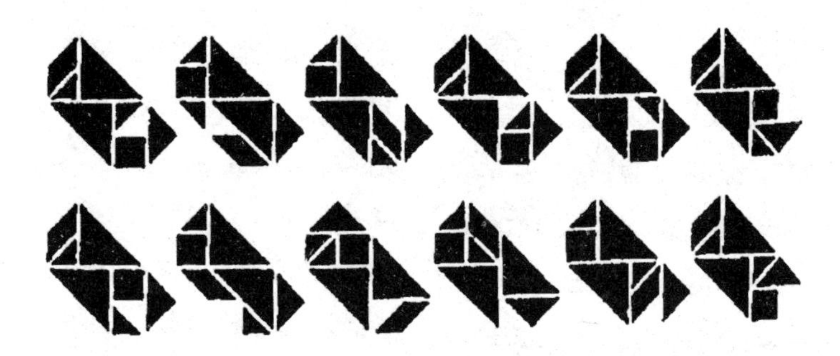

图 3-20　参考拼法

（9）余数为 1，补上一个基本三角形后成为相同七边形的七巧图（图 3-21）。

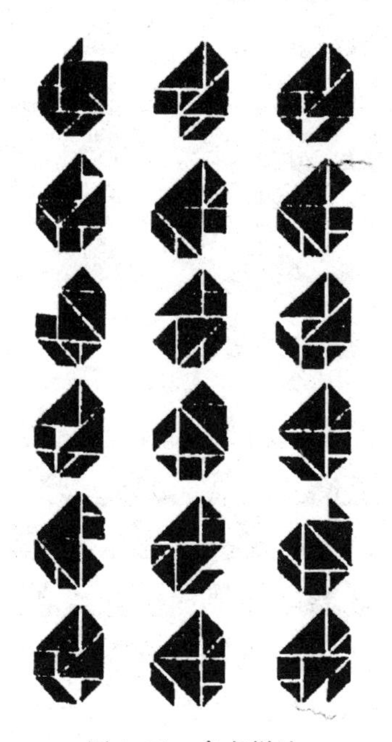

图 3-21　参考拼法

（10）余数为 2，外观为三角形的七巧图（图 3-22）。

图 3-22 参考拼法

(11) 余数为 2，外观为正方形的七巧图（图 3-23）。

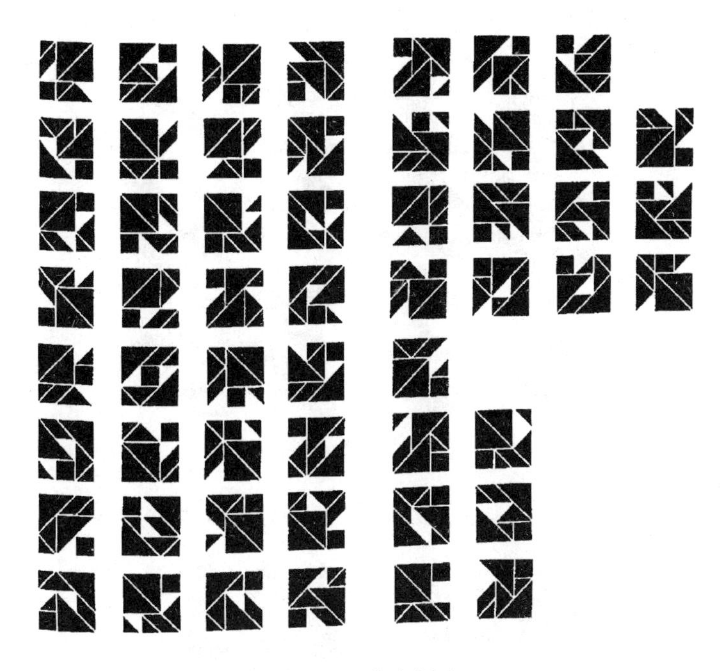

图 3-23　参考拼法

（12）余数为 2，外观为平行四边形的七巧图（图 3-24）。

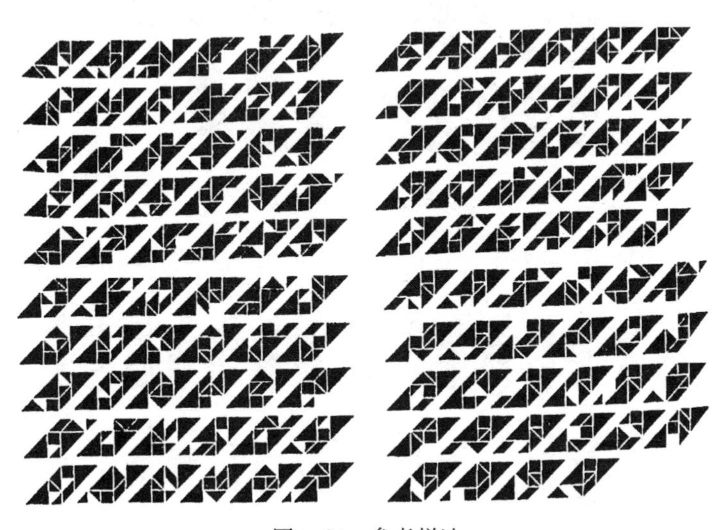

图 3-24　参考拼法

（13）余数为 2，外观为斜置长条四边形的七巧图（图 3-25）。

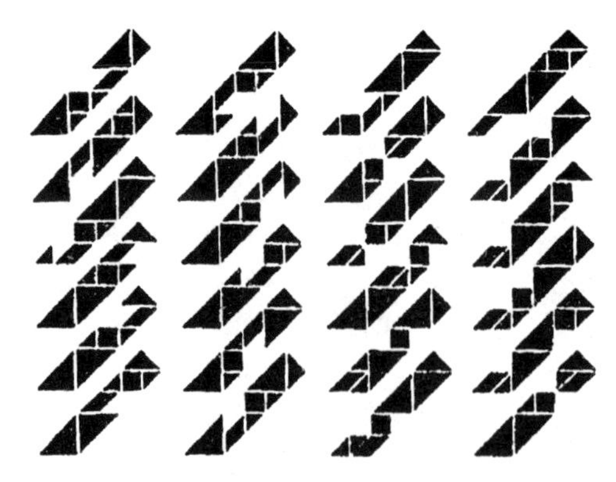

图 3-25 参考拼法

（14）余数为 2，外观为楔形五边形的七巧图（图 3-26）。

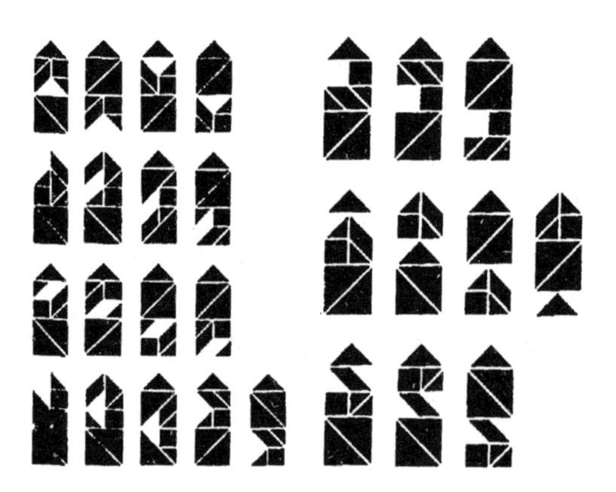

图 3-26 参考拼法

（15）余数为 2，外观为直立、有两尖角的五边形七巧图（图 3-27）。

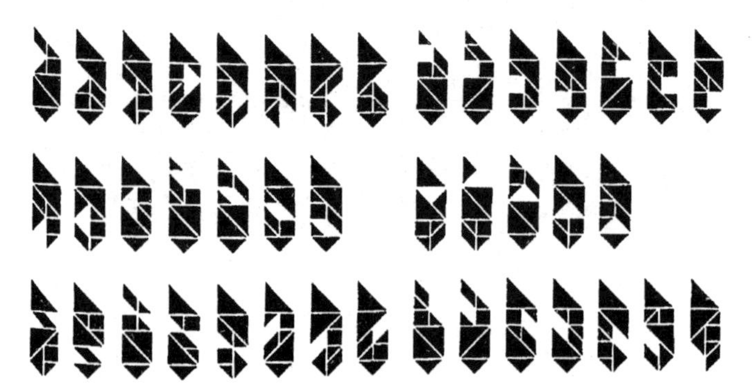

图 3-27 参考拼法

（16）余数为2，外观为正立六边形的七巧图（图3-28）。

（17）余数为2，外观为斜置六边形的七巧图（图3-29）。

图3-28　参考拼法　　　　图3-29　参考拼法

（18）余数为2，外观为直立、缺两个角的矩形的七巧图（图3-30）。

（19）余数为2，外观为斜置、两端为尖角的长六边形的七巧图（图3-31）。

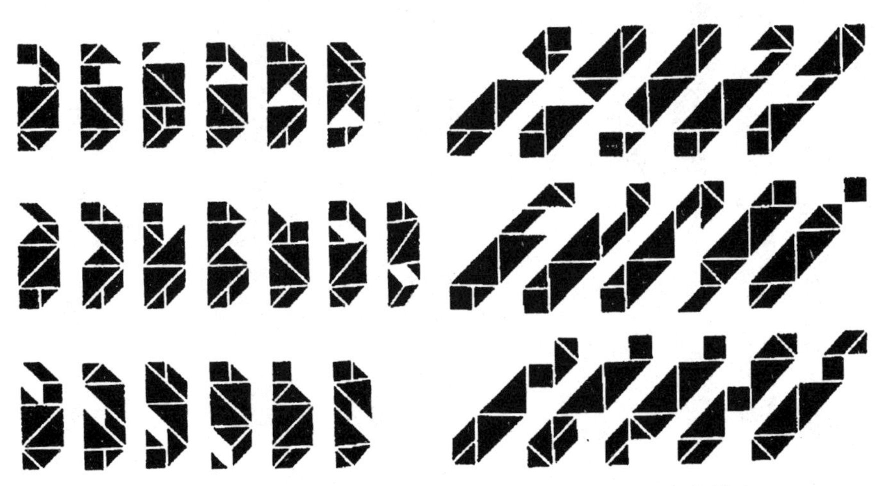

图3-30　参考拼法　　　　图3-31　参考拼法

（20）余数为2，外观为直立、带一个尖角的矮六边形的七巧图

(图 3-32)。

(21) 余数为 2，外观为缺两个对顶角的直立矩形的七巧图 (图 3-33)。

(22) 余数为 2，外观为直立七边形的七巧图 (图 3-34)。

图 3-32　参考拼法

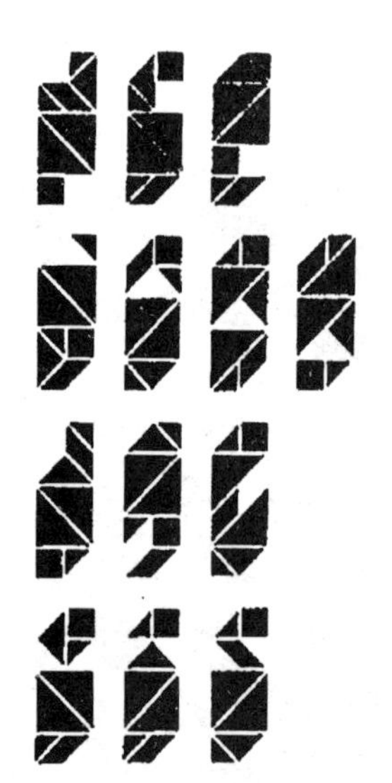

图 3-33　参考拼法

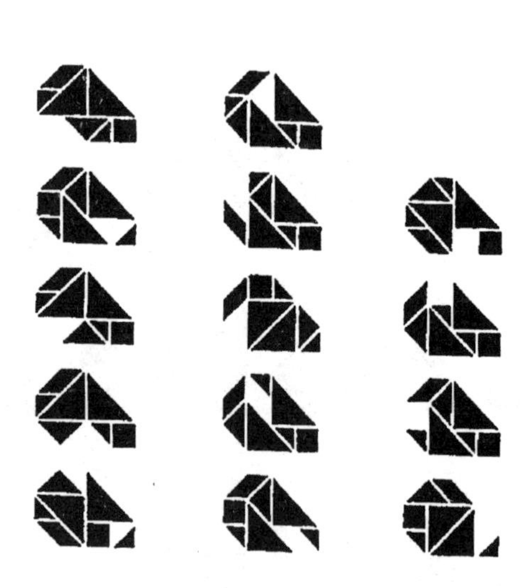

图 3-34　参考拼法

(23) 半七巧图 (图 3-38)。

(24) 孪生七巧图 (图 3-39)。

（25）对称但非孪生七巧图示例（图 3-40）。

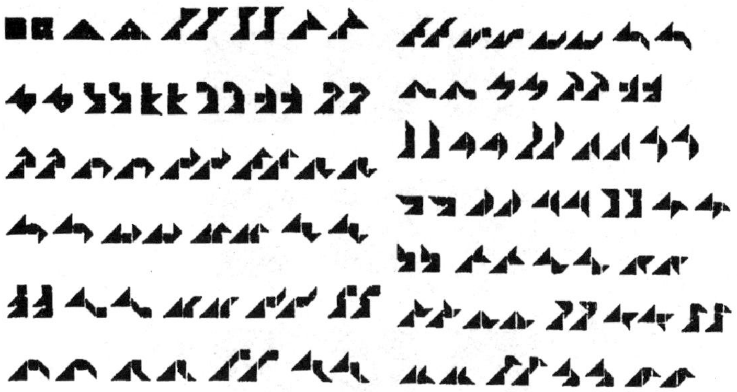

图 3-38　参考拼法

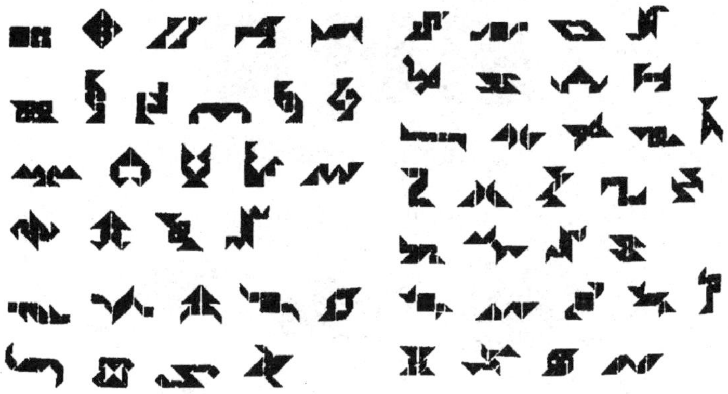

图 3-39　参考拼法

图 3-40　参考拼法

(26) 有形形色色空洞的七巧图（图 3-43）。

图 3-43 参考拼法

(27) 用阿基米德的超级七巧板拼成的图案（图 6-2）。

图 6-2 参考拼法

(28) 日本七巧图（图 6-4）。

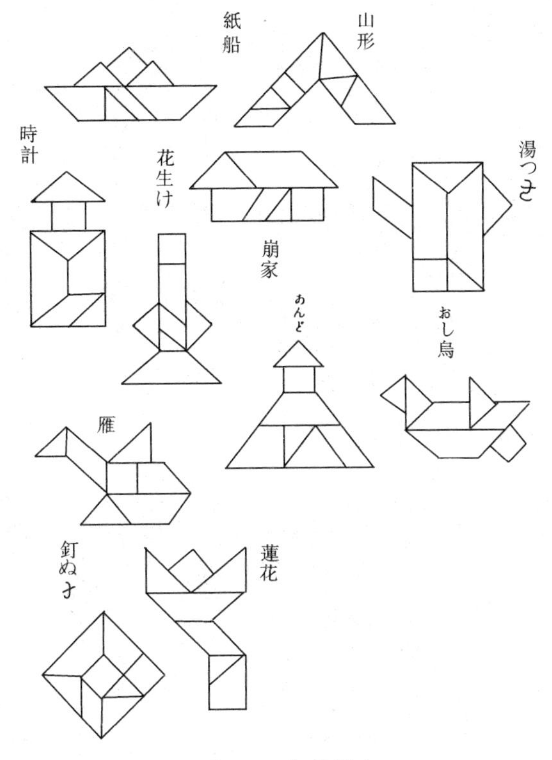

图 6-4　参考拼法

(29)“哥伦布的鸡蛋”拼出的图形（图 6-10）。

图 6-10　参考拼法

（30）“司芬克斯之谜”拼出的图形（图 6-11）。

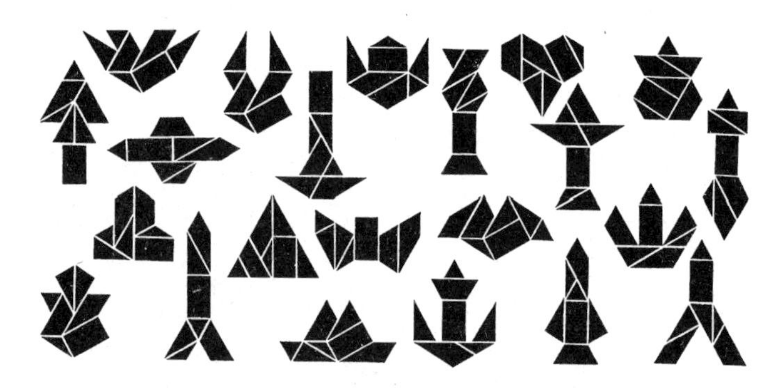

图 6-11　参考拼法

（31）“消愁解闷”七巧板图案（图 6-12）。

图 6-12　参考拼法

（32）“圆形闷葫芦”图案（图 6-13）。

图 6-13　参考拼法

(33) 立体七巧板造型示例（图 7-8）。

图 7-8　参考拼法

附录二 用立体七巧板拼成正立方体的480种方法图解

用立体七巧板拼成正立方体的480种方法图解是安徽潜山县罗汉小学的李汪应老师完成的。在图解中，每种拼法一般只给出其上层和下层，只有少数几种因上层和下层并不确定拼法，才同时给出中层。上层用阴影标志。在每一上层后，给出对应若干个拼法的下层。注意，图解中对立体七巧板组块的编号和本书正文中的编号有所不同，其对应关系如下：

编号	组块颜色						
	绿（G）	黄（Y）	白（W）	橙（O）	黑（B）	蓝（L）	红（R）
图解	1	2	3	4	5	6	7
正文	3	2	1	4	7	5	6

康韦的方法和李汪应老师的图解各有优缺点。康韦的Somatype能表示出拼法中哪个组块是不足组块，哪个组块占有中央单元，但用数字表示白、黄、橙这三个组块各是左置的还是右置的，过于抽象和难以理解。李老师的图解刚好相反，非常直观，但难以看出不足组块和占有中央单元的组块为何者。为了方便读者，我们下面给出康韦的Somatype和李老师的图解法两者的对应。

Somatype：RL/LR（65对）

003/059　006/058　007/030　021/038　033/029　035/028

037/060　051/008　070/064　071/067　072/065　091/082

092/081　093/080　094/079　106/119　111/121　122/109

148/188　154/186　166/153　169/162　176/147　177/150

178/151　236/247　237/244　238/248　239/251　241/249

242/250　292/355　295/308　301/372　302/374　303/373

304/371　358/393　367/409　368/407　369/406　370/408
381/328　382/326　383/327　436/307　438/335　445/388
447/293　448/361　450/395　451/396　452/315　453/314
454/403　455/404　456/402　457/411　458/410　459/413
460/412　477/466　478/469　479/470　480/463

Somatype：YR/YL（21 对）

112/120　118/103　125/141　126/142　131/138　158/174
194/211　228/261　233/263　245/235　246/240　252/243
271/269　272/270　299/432　300/431　310/296　321/306
354/426　397/297　398/298

Somatype：WR/WL（14 对）

018/045　026/044　048/015　056/014　063/073　145/183
193/210　199/204　221/262　222/255　229/256　234/265
324/387　418/345

Somatype：R/L（51 对）

002/043　009/057　017/036　032/013　039/027　047/005
061/068　062/074　066/069　105/123　128/136　146/185
152/167　156/168　159/173　160/171　172/165　175/163
179/149　180/155　181/157　189/216　190/217　195/212
196/213　197/206　219/259　226/264　230/258　231/260
309/294　316/434　317/433　325/386　352/424　353/425
356/291　362/429　363/430　375/305　394/357　405/435
414/344　417/347　437/334　444/341　446/389　462/475
464/476　467/473　468/474

Somatype：B（37 对）

001/052　004/050　020/034　022/031　075/078　076/077
084/095　088/099　090/101　127/134　192/215　200/207
202/209　275/285　276/287　279/284　311/399　312/400
313/401　319/364　320/366　329/376　330/378　331/377
332/380　333/379　337/440　340/443　343/416　349/423
350/420　359/392　365/318　390/427　391/428　461/472

465/471

Somatype：O（33 对）

012/054　024/042　083/102　085/097　086/096　087/098
089/100　104/114　107/117　108/115　110/136　113/124
129/137　130/140　132/135　133/139　220/257　223/266
224/254　225/253　227/267　273/283　274/288　277/286
278/282　280/289　323/385　336/439　338/441　339/442
342/415　348/422　360/449

Somatype：W（19 对）

010/053　011/055　016/049　019/046　023/040　025/041
143/184　144/170　161/182　164/187　191/218　198/205
201/208　203/214　232/268　281/290　322/384　346/419
351/421

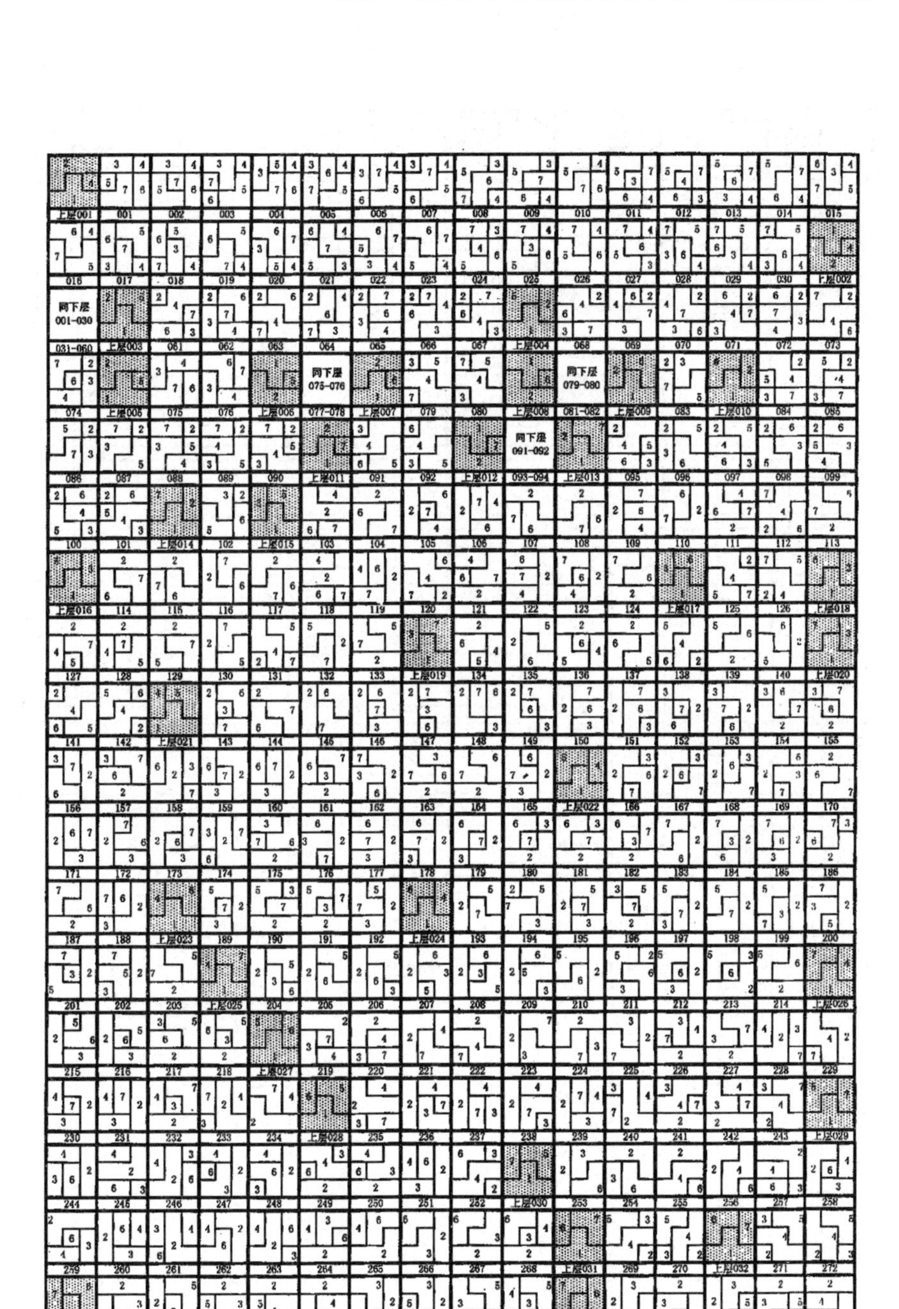

拼法图解（1）

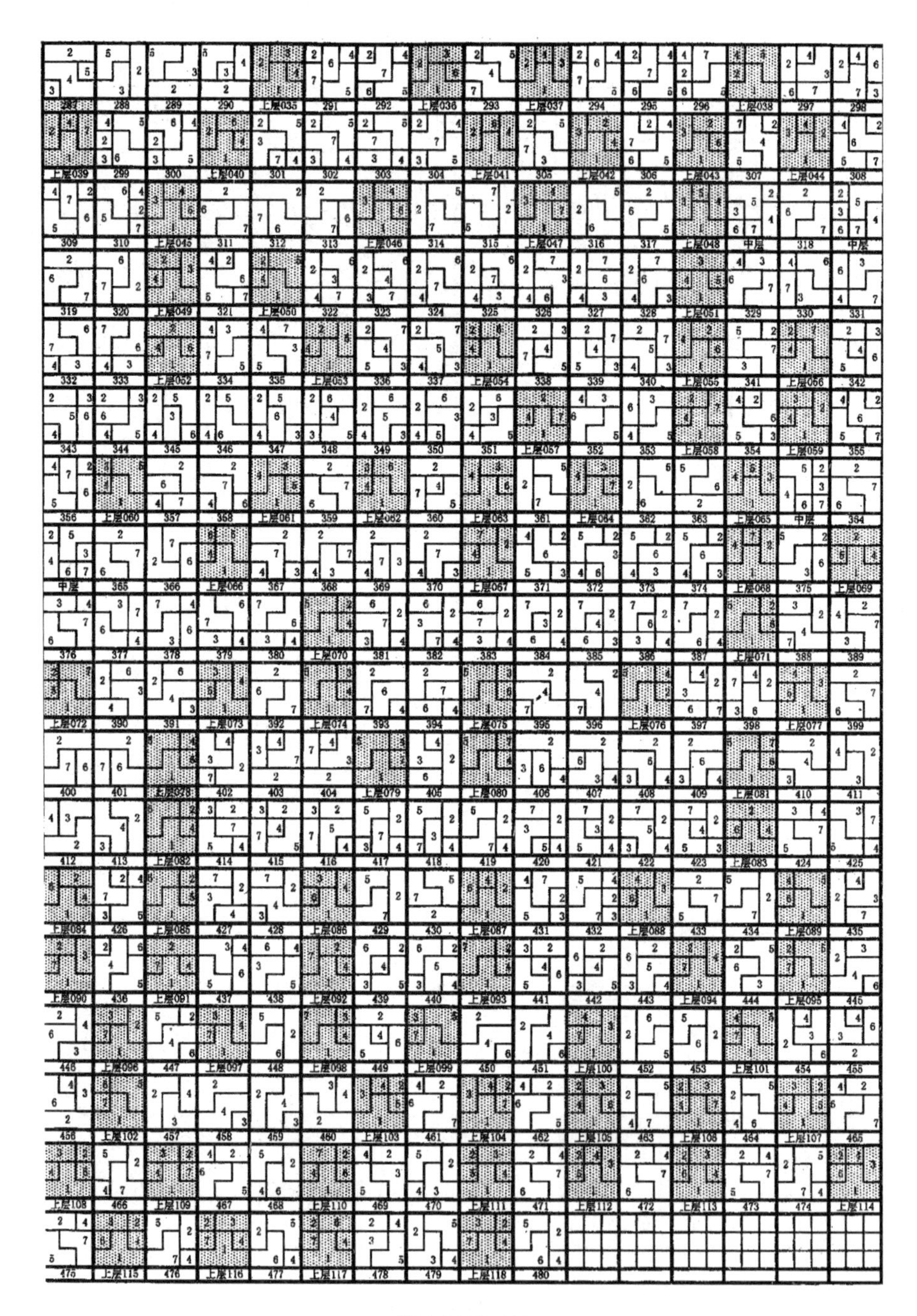

拼法图解（2）